OCEAN
SOUTH

阿彬 著
船上的365天
BAHAMASTARS

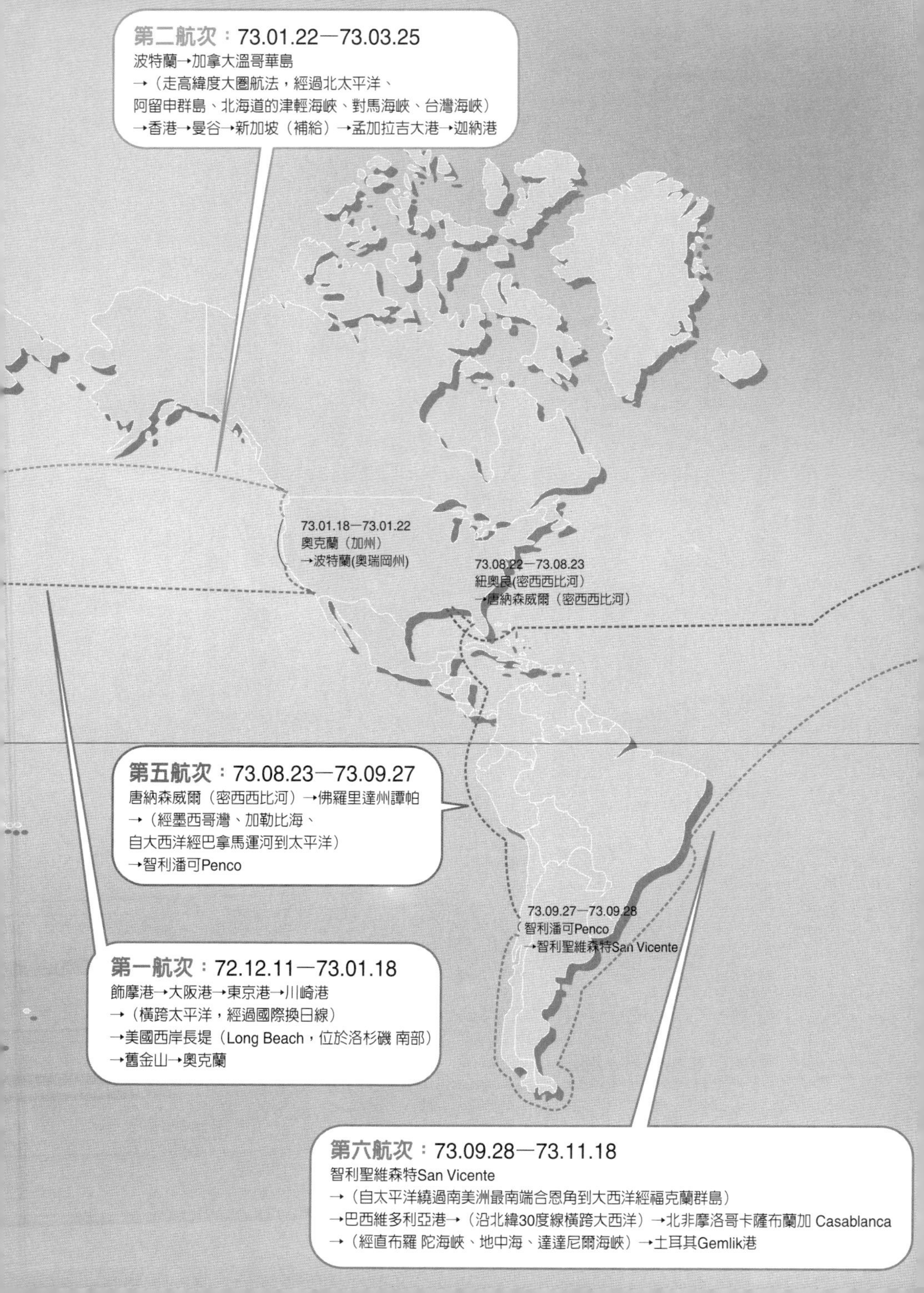
第二航次：73.01.22—73.03.25
波特蘭→加拿大溫哥華島
→（走高緯度大圈航法，經過北太平洋、
阿留申群島、北海道的津輕海峽、對馬海峽、台灣海峽）
→香港→曼谷→新加坡（補給）→孟加拉吉大港→迦納港
73.01.18—73.01.22
奧克蘭（加州）
→波特蘭(奧瑞岡州)
73.08.22—73.08.23
紐奧良(密西西比河)
→唐納森威爾（密西西比河）
第五航次：73.08.23—73.09.27
唐納森威爾（密西西比河）→佛羅里達州譚帕
→（經墨西哥灣、加勒比海、
自大西洋經巴拿馬運河到太平洋）
→智利潘可Penco
73.09.27—73.09.28
（智利潘可Penco
→智利聖維森特San Vicente
第一航次：72.12.11—73.01.18
飾摩港→大阪港→東京港→川崎港
→（橫跨太平洋，經過國際換日線）
→美國西岸長堤（Long Beach，位於洛杉磯 南部）
→舊金山→奧克蘭
第六航次：73.09.28—73.11.18
智利聖維森特San Vicente
→（自太平洋繞過南美洲最南端合恩角到大西洋經福克蘭群島）
→巴西維多利亞港→（沿北緯30度線橫跨大西洋）→北非摩洛哥卡薩布蘭加 Casablanca
→（經直布羅 陀海峽、地中海、達達尼爾海峽）→土耳其Gemlik港

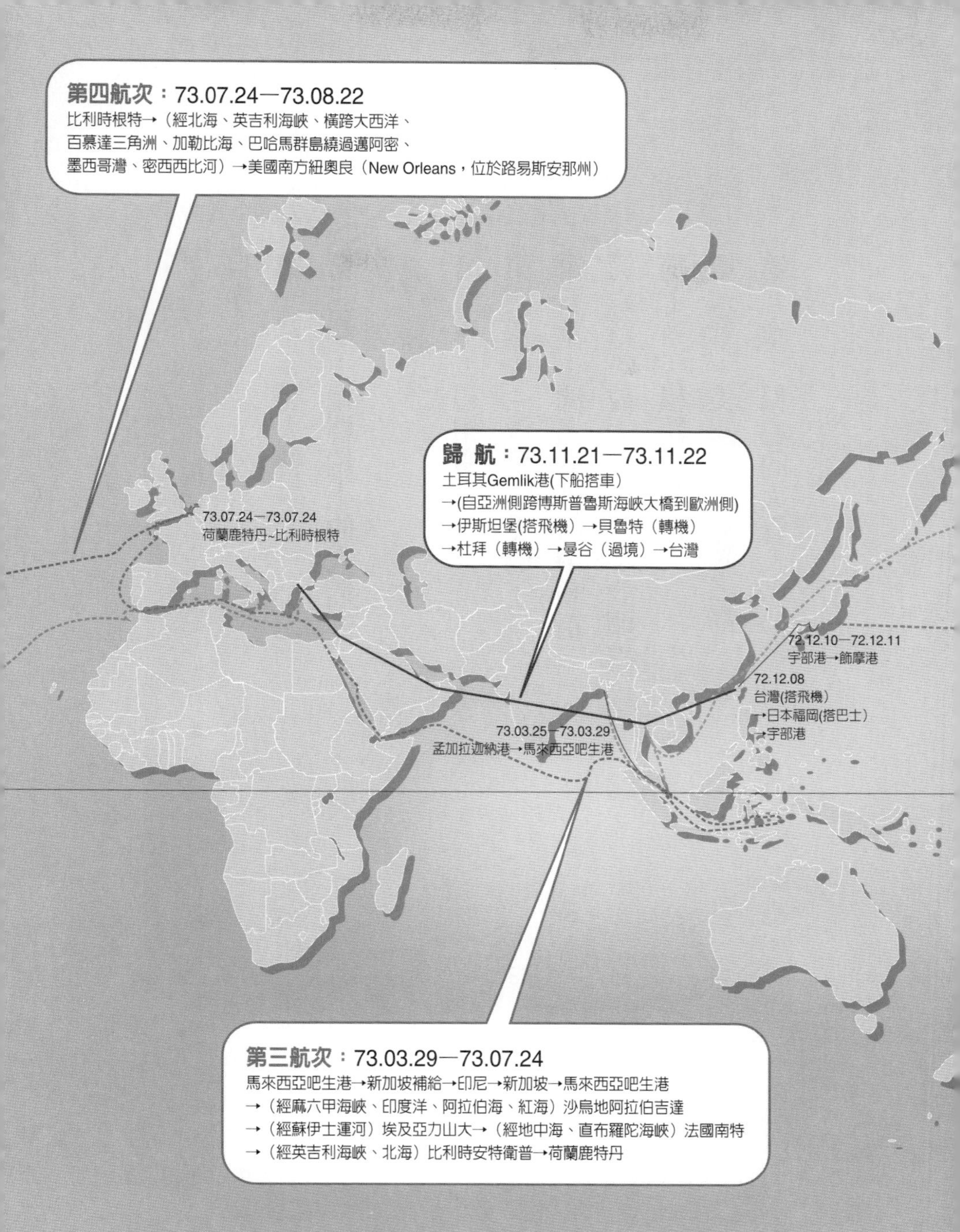
第四航次：73.07.24—73.08.22
比利時根特→（經北海、英吉利海峽、橫跨大西洋、
百慕達三角洲、加勒比海、巴哈馬群島繞過邁阿密、
墨西哥灣、密西西比河）→美國南方紐奧良（New Orleans，位於路易斯安那州）
歸 航：73.11.21—73.11.22
土耳其Gemlik港(下船搭車)
→(自亞洲側跨博斯普魯斯海峽大橋到歐洲側)
→伊斯坦堡(搭飛機)→貝魯特（轉機）
→杜拜（轉機）→曼谷（過境）→台灣
73.07.24—73.07.24
荷蘭鹿特丹~比利時根特
72.12.10—72.12.11
宇部港→飾摩港
72.12.08
台灣(搭飛機)
→日本福岡(搭巴士)
→宇部港
73.03.25—73.03.29
孟加拉迦納港→馬來西亞吧生港
第三航次：73.03.29—73.07.24
馬來西亞吧生港→新加坡補給→印尼→新加坡→馬來西亞吧生港
→（經麻六甲海峽、印度洋、阿拉伯海、紅海）沙烏地阿拉伯吉達
→（經蘇伊士運河）埃及亞力山大→（經地中海、直布羅陀海峽）法國南特
→（經英吉利海峽、北海）比利時安特衛普→荷蘭鹿特丹

365天環遊世界路線

船上的365天 目錄

CONTENTS

第四航次

自序

我是一個念舊的人，所以喜歡收藏，收藏品中最珍貴的東西不是古董，也不是這十幾年從國外蒐集回來的奇珍異品，而是三本斑駁發黃的日記，這三本日記所記載的故事，時間僅僅一年，但只要一有機會，我就會拿出來細細回味。

周遭的好友都知道這三本日記的存在，也都知道它們是我最重要的寶貝，更曾與我分享日記中的部分情景，甚至有同爲文化業界的友人建議我：「這些故事實在精彩，『獨樂樂不如眾樂樂』，何不出版成書呢？」雖然我也非常願意與更多人分享這些故事，但因工作忙碌以致分身乏術，致使出書計畫就在朋友的鼓勵與個人的忙碌之間，無法取得一個平衡點而耽擱了下來。

出書，當然是個好主意，那將可讓更多的讀者與我一起分享這段奇妙的海上旅程。但一天工作量超過十二個小時的我，如何挪出時間來一一重新整理？就在漸漸打消這個念頭之際，又一段奇妙的機緣產生了。去年春，經由同事蔡郁芬小姐的介紹，認識了她的舊識陳芸英小姐，閒聊間大略告訴她這一段過往，也透露曾有將這些日記整理成書的計畫，她當下便表示願意協助我整理這些日記，但我卻開始猶豫了！……一個小人物的日記，有可看性嗎？陳小姐確實是一位熱心又行動力十足的文字工作者，那幾天不論是她的來電或是電子郵件，都可看出她的熱情與用心，「就當是一個故事吧！我們說一個有意思的故事給讀者聽，帶著他們乘船遨遊世界，只要內容精彩，一樣吸引人！」這句話化解了我心中的猶豫，《船上的365天》於焉產生。

那是民國七十二年底，我讀海專畢業前在船上實習的日記。日記中記載的是一群二十出頭的年輕小伙子，在當年政府尚未開放觀光護照及役男出國的年代，因緣際會之下，帶著好奇與興奮，隨船環遊世界的眞實故事。

這段航程歷時一年，從日本開始，橫渡太平洋之後，行經美國西岸、加拿大、沿北太平洋、阿留申群島回到亞洲的香港、泰國、新加坡、孟加拉、印尼、馬來西亞，再經麻六甲海峽、印度洋、紅海、到沙烏地阿拉伯，沿蘇伊士運河到埃及，進入地中海、直布羅陀海峽到歐洲的法國、比利時、荷蘭，橫跨大西洋，經百慕達三角洲、加勒比海、巴哈馬群島、墨西哥灣，進入美國南方密西西比河到紐奧良，穿越巴拿馬運河到南美洲的智利，航經南美底端的合恩角到巴西，再度橫跨大西洋到北非摩洛哥及地居歐亞交界的土耳其等地，經度從東經到西經，緯度自南緯到北緯，航經五大洲七大洋，繞了地球一週半。

在這一年裡，我們歷經暴風雪的侵襲與驚濤駭浪的考驗，在印尼荒島亦曾面臨「斷糧」危機，在北太平洋我們陷入冰陣，在蘇伊士運河驚遇海盜，在美國、泰國、智利及巴西則體會到異國的浪漫。另外，這本書也忠實地呈現當年我們在船上因挑戰霸權而提前十五天返國，差點因此而無法畢業的經過。儘管這個結局不甚完美，但是回到台灣後，我們各自在自己的領域努力打拼，現在每個人在事業上都擁有一片天。

當然，在那值得回憶的一年裡，我也結識了一群患難之交，「蘆筍」、小東、小顏，這在當年被喻爲「四人幫」的我們，退伍後因爲工作的關係，原本早已失去聯絡，如今卻因這本書的出版，我展開了一趟「超級任務」之旅，排除萬難的將他們一一尋回，把酒敘舊共聚一堂直到天明，而十六年前疼惜我們的輪機長、船長也全都再度重逢，這是我覺得出版此書最有意義的事。

最後希望翻閱此書的讀者，暫時拋開煩惱，隨著我們一塊兒乘船探索異域、環遊美麗世界。

阿彬

第一章

尋人啟事

翻開塵封已久的日記，回憶一點一滴倒流。

尤其最後一頁的一段話：「這趟行程雖不圓滿，卻很踏實。」

爲我的海上實習寫下最貼切的註解……

六月中旬的早晨，一位在德國法蘭克福書展認識的主編打電話找我。手錶指著九點二十分，這麼早打來肯定有事。果然，不等我說「早呀！」「吃過早餐沒？」她劈頭就抱怨：

「……你知道，每年一到暑假，我們老闆就以爲市面上只賣旅遊的書，我把剛編完的小說送去校對，還被罵哩！簡直沒天理……」

「暑假是旅遊旺季嘛！他想趁機多賺點，就體諒他一下吧！」

「他以爲每個人都可以環遊世界呀？作夢！」

她很不以爲然，尤其說到「作夢」兩個字時，還提高音調、加重語氣！

我沒再答腔，不知道該如何附和她的反應。

大約過了三十秒，她又繼續罵她的老闆，我也回了神，極盡所能地說些安慰的話，不過接下來我說了些什麼，已經不記得了。

我只記得掛斷電話後，腦海一直惦記著那些「日記本」。

剛搬了新家，日記究竟放在那裡，書櫃？衣櫃？保險箱？還是……

回家後，我很快找到那三本日記，心裡也響起一陣聲音：「你作過夢呀！而且圓了夢，早在十六年前，那個役男不得出國的年代。」

翻開塵封已久的日記，回憶一點一滴倒流。尤其最後一頁的一段話：「這趟行程雖不圓滿，卻很踏實。」爲我的海上實習寫下最貼切的註解。

船上的那些伙伴們現在可好？那位輪機長還在嗎？

我翻箱倒櫃，找出當年位於南京東路和敦化北路的「德同航運」公司電話，懷著忐忑不安的心情，沒把握地撥出電話號碼。

「請問這裡是德同航運嗎？」

「對不起！你打錯了。」

德同航運應該不在了，都已經十六年了，不是嗎？

「那麼，你知道他們搬到那裡嗎？」

「不知道耶！」

「你們公司會不會有人知道？」我不死心地等候，得到的答案是「以前那家公司不叫德同航運。」

這通電話的結局在意料之中。

「算了！別一時衝動，回到現實好好工作吧！」我勸自己。

但是另一個聲音卻在耳邊響起：「不要放棄……不要放棄……」我心想既然已經跨出「尋人」的第一步，乾脆一不作二不休，繼續找吧！

怎麼找呢？索性撥一〇四求助。

輪機長名叫張金發，基隆人。

登記叫張金發的基隆市民一共有六位，一一撥電話詢問，結果都不是我要找的人。後來改問一〇四有沒有登記一家叫「德同航運」的公司，沒想到小姐給了我一個號碼，撥通電話後，正是我要找的那家。

他們果然搬了家，而且人事已非。

我表明尋人來意，並試著向總機小姐探聽是否認識十六年前的一群人。她的回答不是「沒聽過」就是「不知道」。就在我要掛電話時，她突然說：「喔！我們公司有位很資深的同事，他也許知道。」

電話轉接過去，我們雖然彼此並不認識，但聊著聊著，卻聊出一個令人意外的驚喜，原來他和以前的輪機長是舊識……這…簡…直…太…棒…了！

透過這層關係，我得到了十六年前，搭同艘船環遊世界，對我照顧有加的老長官的電話號碼。

「請問張金發先生在嗎？」

「我是！你那位呀？」聲音還是中氣十足，十六年來都沒變。

「輪機長您好！我是以前中國海專的學生阿彬，您還記得嗎？民國七十三年在德群輪上實習的學生。」

「誰？你說你是誰？」

電話裡的他顯然忘記了，他努力地回想，我也幫他一起回想。回到民國七十六年，不，再往前。七十年那艘，不對不對，後兩年。記憶似乎也長了手腳，可前進可後退，我說：「那年德群輪在日本宇部港出發，曾在印尼待了五十幾天，幾乎要斷糧，還殺山豬吃，記得嗎？」

電話裡突然沒有聲音，過一會兒，他似乎想到什麼說：「哦！你就是那個最調皮、想做豬血糕的阿彬？」這一次，他終於記起來了。

「就是我，輪機長，好久不見！」

「眞的是好久不見！」他語氣裡隱約透露著不可思議。

「你現在好嗎？想必事業有成囉！」我依稀聽得出他對我的關懷和期待，就像當年一樣。

我和他談了下船以後的事，像兒子跟父親報告近況一般。

輪機長當下邀我到他那兒坐坐，我毫不猶豫，兩天後，就帶著禮物去了。

一路上，往事歷歷在目，民國七十二年底，跟輪機長結緣於海專畢業前的海上實習，沒想到十六年後還有機會見面，心裡的感觸和感動難以言喻。

到了基隆，輪機長正在辦公室走廊外踱步，看到我，他不確定地繼續往外走，但眼角餘光卻往我身上掃瞄，「輪機長」我叫住不時回頭的他，他轉過頭來說：「我就覺得這個人很眼熟，眞的是你！」

「嗯！你變胖了，但輪廓還在。」他從頭到腳打量著，說我由小孩子一下變成大人樣。

輪機長沒變，但老了，還好記性不錯。我坐在他的辦公室裡，談著這些年的變化，也一同回憶那年令人難忘的航海之旅。

第二章

德群輪上的人們

天色已黑，港口燈火通明，

這裡充滿著碼頭特有的氛圍，

有漂泊，有滄桑，還有航海人員的孤獨與寂寞。

巴拿馬籍的「德群輪①」正卸著貨。

下午搭乘台灣飛往福岡的飛機，轉巴士，經過門司、下關（通往九州、本州的門戶），通過「關門大橋」，抵達日本本州南方山口縣的宇部港②時，已經傍晚六點了。

天色已黑，港口燈火通明，海風雖然平靜，卻很冷，我從行李拿出厚夾克穿上，緊縮身體。環顧周遭陌生的環境，這裡充滿著港口特有的氛圍：有漂泊，角落裡幾個異鄉人聚在一起抽煙、聊天；有滄桑，碼頭工人不畏風雨、不分晝夜辛勤的工作；夜幕低垂，這裡還有航海人員的孤獨與寂寞。

▲生平第一張登機證 台北–福岡

船上的交接工作持續進行，一批船員即將下船返台，改換另一批人上船工作，剛換班的船員就是今天跟我們一起在中正機場集合的人。

今天下午在中正機場集合處擠了三十幾個人，其中有九名實習生（四位來自中國海專，三位來自高雄海專，兩位來自海洋學院，大家在學校都碰過面，但是彼此不熟），其他的則是交接的工作人員和長官夫人③，剩下的就是前來送行的家屬。

不同的人有著不同的心情。在當時台灣尚未開放役男出國觀光的年代，我們這群實

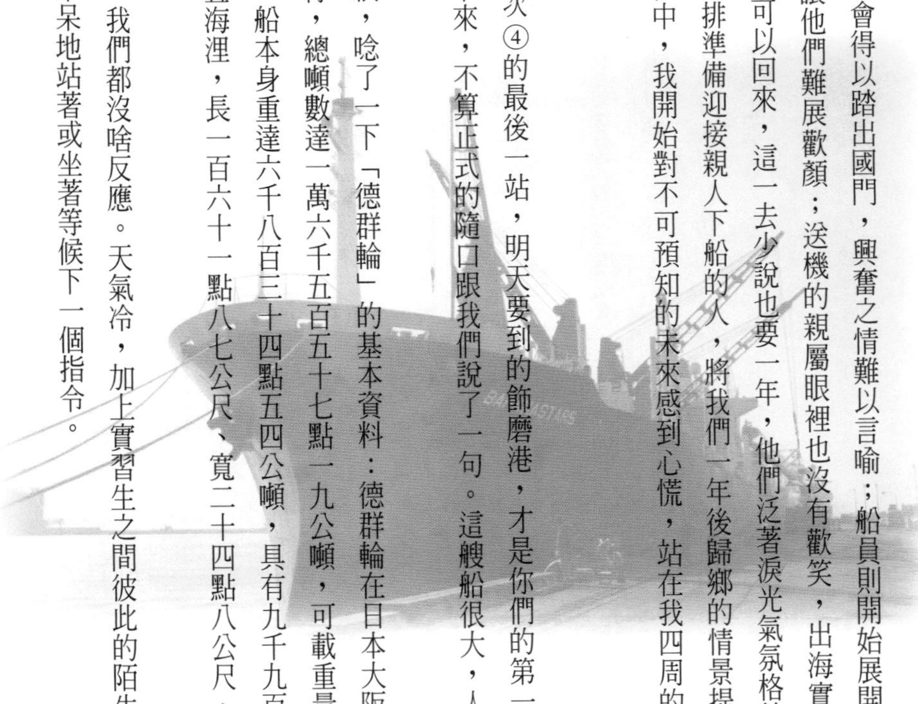

習生因爲實習的機會得以踏出國門，興奮之情難以言喻；船員則開始展開他們的另一段航程，工作壓力讓他們難展歡顏；送機的親屬眼裡也沒有歡笑，出海實習不比出國旅遊，十天半個月就可以回來，這一去少說也要一年，他們泛著淚光氣氛格外凝重。

港口邊站著一排準備迎接親人下船的人，將我們一年後歸鄉的情景提前上演，在這即將展開的新航程中，我開始對不可預知的未來感到心慌，站在我四周的實習生看來也一樣。

「這是上一航次④的最後一站，明天要到的飾磨港，才是你們的第一航次。」一個老船員從船上走下來，不算正式的隨口跟我們說了一句。這艘船很大，人往旁邊一站變得好渺小。

他拿著一張紙，唸了一下「德群輪」的基本資料：德群輪在日本大阪建造，一九七七年開始下水航行，總噸數達一萬六千五百五十七點一九公噸，可載重量是九千七百二十二點六五公噸，船本身重達六千八百三十四點五四公噸，具有九千九百馬力，一般速度可跑十四點七五海浬，長一百六十一點八七公尺、寬二十四點八公尺、高十四點三五公尺。

他說完之後，我們都沒啥反應。天氣冷，加上實習生之間彼此的陌生感，大家都沒說什麼話，只是呆呆地站著或坐著等候下一個指令。

不久，又有兩、三名船員下船，走向我們，無所事事的隨便找人聊天。

「唸什麼學校?」

「中國海專。」

「哦!很愛打架的學校。」

「嗯!」

「你會不會打架?」

「會。」

「說來聽聽!」他不是眞的對我有興趣，只是想打發時間罷了，不過，我不敢得罪老船員，還是說出自己的故事。

我個性不壞，比別人多了很多的正義感，只要同學有難，一定拔刀相助，尤其遇到被外校欺負時，更是全力以赴。

我參與過民國六十八年轟動社會的「校外打架事件」⑤，連警備總部都派出大批人力維持秩序，事後被學校記兩次大過，並有兩度「留校察看」的記錄，中國海專還差一點面臨停辦的命運。

還好教官有人情味，在捐血一次記兩個小功的德政下，我連續捐血五次，得以「將功抵過」，學校後來也逃過厄運，得以繼續「營業」，我現在才有機會在這裡。

我簡略地跟他「報告」自己的過去。

他聽得津津有味，離開前，拍拍我的肩膀說：「好小子，好好幹啊！幹過架的適合當船員！」說完，他就走了，換另外一個人跟我搭訕。

「你有參加那次幹架哦？」同校的拍拍我，他叫盧哲生，剛剛一直「偷」聽我們講話。

「你航海科的嘛？」

「對！」在學校，航海科和輪機科是死對頭，看不順眼就打架，但現在「時機」不一樣，我們即將搭乘同一艘船，也許機緣會改變我們對彼此的印象。

「人家都叫我『蘆筍』，以前也經常幹架。」他客氣地說，態度十分友善。

「蘆筍」大我兩歲，長得高高瘦瘦，五十年次，在高中當班長，因爲全班集體打架而被退學，停一年重考才進海專。

他的爸媽在基隆碼頭當工人，認識很多「高檔」人士，能進「德群輪」全託他媽媽一位在糧食局任高官的朋友幫忙，從小他就對航海有興趣，並立志將來以跑船爲業。

「蘆筍」拉了另一個同校同屆的過來，他叫小東，新竹人，很內向。這是他第二次跑船實習，半年前在西班牙時，他的腳趾頭被七十多公斤重的「乙炔桶」砸傷，在家休養半年，傷癒後才搭上這艘船繼續實習。

值得一提的是：近幾年，他們科系保有每年「死」一個實習生的「傳統」。實習生因出海死亡的事件在學校不是新聞，但他們歷屆的傳統卻駭人聽聞，像是遭到詛咒似的，因此實習期間，三分之二的同學都在「觀望」，不敢貿然上船。直到幾個月前，一艘船在高雄外海失事，船上人員音訊全無，其中一名實習生就是他們班的，消息傳出後，其他同學傾巢而出，全部放心出海實習。

另一位是高我們一屆的「重修」學長，叫小吳，我們對他沒啥印象。

「來，來，來，實習生到這裡集合。」大概一個鐘頭以後，才有人招呼我們。

「你們先把晚上要換洗的衣服帶在身上，其他的行李先上船，等一下要帶你們住旅館⑥。」他叫阿清，一個吊兒郎

當的老船員。

我的行李不多，可能是所有人裡最少的。兩三斤茶葉、一大袋瓜子、一疊信封信紙、幾本書、英文字典、錄音帶、照相機、雪衣、四季衣物、安全鞋⑦、工作服和日記本，這些東西都是上船前愉快無比的一一放進去的，當然我盡量不想當時家人依依不捨的心情。

行李上船後，我們跟著阿清浩浩蕩蕩前往旅館Check in（登記入房）。

旅館就在馬路旁邊最角落的位置，是個小型旅社。

「來，發鑰匙喲！」

我和小吳一間，「蘆筍」和小東一間，阿清拿鑰匙給我們的同時還發給每人一百塊日幣。

「看電視要錢哪！」他知道我們都第一次出國。

「什麼？看電視要錢？」

「對！看Cable（有線節目）的都要錢。」

走進房間，電視機旁果真有個收錢機，放一百元可以看好幾個鐘頭，這倒稀奇，我試著開些Cable的節目來看，東張西望地打量旅館的房間設備，並推開窗戶吸進沁涼的空氣。

哇！這是我生平出國的第一夜。睡前，我拿出事先準備的日記本，將今天的所見所聞一一記錄下來，時間是七十二年十二月八日，我第一次航海的日誌首頁。

十二月十日星期六，輪機長趁吃飯前把大家集合起來，對船上的設備和人員做了簡單的介紹。

這艘船有二十多人。

總指揮（leader）就是船長（captain），他叫吳義和，台南人，個頭不高，白白淨淨的，理個小平頭，海洋學院畢業，四十歲出頭，看起來有兩把刷子，他的太太前天才跟我們一起從台灣搭機到日本。

船長之下有兩個主要的部門：一是甲板部（Deck Department），有大副（第一副船長）、二副、三副、報務主任（以上是甲板部長官）、水手長、木匠、舵手⑧、水手；另一個是輪機部（Engine Department），有輪機長、大管輪（一般稱大管）、二管、三管、電機師（以上人員屬於輪機部長官）、加油長（No.1 oiler）、銅匠、加油人員（oiler）、下手⑨；另外就是服務部，有大廚和服務生。

輪機科系的我和小吳分發到輪機部，「蘆筍」和小東是航海科系則分配在甲板部實習。

雖然是第一次「自我介紹」，但今天已經邁入第三天，對他們也略有所聞。甲板部的大副是客家人，滿臉鬍腮，三十幾歲，很阿沙力，對政治非常感興趣，是標準的「黨外⑩」人士，他和二副、三副工作的駕駛台平常都播放「美國之音」節目。他的職權之一是在船抵達港口時決定要不要派交通車接駁至市區或交通船登岸（船繫泊於浮筒時），由於作風開明，很獲得大家認同。

水手長又叫boatswain（水手長的英語稱呼），高雄人，個性粗獷，爲人海派，他的房間從不鎖門，他常說：「我房間有什麼自己去拿！」其實他房裡只有酒。他餐餐喝酒，嗜酒如命，壓力、寂寞都靠喝酒抒解，屬於「今朝有酒今朝醉」的人。以前曾任遠洋漁船船長，對技術性的船事自視甚高，在裝貨、卸貨方面也有獨到的見解。公私分明的他，玩起來像年輕小伙子，極爲瘋狂，做起事來又非常認眞。他可以喝酒喝到凌晨四點，六點裝備齊全上工，很受人敬重，是典型的討海人。

木匠是基隆人，五十幾歲，滿頭白髮，身體不好，受日本教育，社會經驗豐富，負責船上木製物件的維護。雖然資歷深、年紀大，歸水手長管，但他們是哥倆好，在船上一黑一白、一文一武，是難得的好搭檔。

輪機長又叫「老軌」，上海人，五十多歲，對實習生就像對自家小孩，他在專業訓練上非常嚴格，不管你是什麼學歷，有過什麼了不起的記錄，他全部一視同仁，只要做錯事鐵定開砲，令人敬畏。不過私底下卻很健談，三杯黃酒下肚，話就說個沒完。他十幾歲開始跑船，爲人大方慷慨，很願意借錢給別人，他曾說：「我什麼錢都肯借，就是賭博的錢不借。」

大管輪（一般稱大管）是台北人，今年剛從二管升上來，個頭不高，海洋學院畢業，對同校的學弟特別照顧，很偏心。他的英文程度非常好，是大家的英文活字典。他的筆跡漂亮，機艙的輪機日誌都是他寫的。他有個哥哥在日本東京希爾頓飯店擔任主廚。

銅匠老王是個身高一百八十多公分，體重近一百公斤的山東大漢，身材魁梧，但爲人小氣，是個文盲。

大廚五十多歲，陸軍伙房退休，姓瞿，拿手菜是「老瞿牛肉麵」和「佛跳牆」。

服務生老洪，四十出頭，是大廚的搭檔，大廚負責掌廚，他負責擺桌、收拾殘餘，除此之外，也負責每個長官房間的清潔工作⑪，平常應對進退得宜，很懂得看場合說話，過去曾是水手長，但因壓力太大而改當服務生。他最引人注意的是房間裝飾，那是德群輪上最有看頭的房間，因此博得最有「情趣」的男人封號。

甲板部的實習生除了「蘆筍」和小東之外，還有小顏、小李、小傅，其中小李和小傅是美濃客家人，刻苦耐勞，做事認眞；小顏則是眷村子弟，滿口標準國語。輪機部的實習生除了我和小吳之外，其餘的兩位小胤和小戴都是海洋學院的學生，也是大管的學弟。

下午三點，大管搖電話到每一個人房間通知大家到機艙的控制室stand by（待命），我們好興奮，船就要開了。

開動主機時，輪船的引擎聲大作，「咚、咚、咚、咚咚咚咚咚」之聲震天價響，連船身都跟著震動，我們第一次聽到啓動聲，忍不住用手指摀住耳朵，既高興又緊張，每個人都爲這壯觀的場面大呼過癮。

船上的人開始忙碌起來，我們好奇地走到機艙，這才發現發動引擎的氣缸活塞非常大，比人還高，寬度是兩個人環抱在一起的距離（一般汽車活塞是五公分見方），而且有六個汽缸，馬力之大令人嘆爲觀止。

在領港人⑫的帶領下，德群輪慢慢駛離宇部港，進入瀨戶內海⑬。環看四周，靜悄悄的，沒有風浪，我們幾個實習生站在甲板上，聽著航行所發出的規律聲音，海風輕拂臉頰，這是初航的滋味，點滴在心頭。

備註：

①很多船都掛巴拿馬國旗，因爲船每年都要註冊，只有巴拿馬籍的註冊費最便宜，所以這艘「德同航運」公司的「德群輪」也不例外。德群輪的前身是日本三光航運的花光丸，英文爲BAHAMA STAR，中文直譯爲「巴哈馬之星」。

②宇部港爲一民間企業所擁有的私人碼頭，主要由宇部興產企業所使用，宇部興產企業在日本以水泥業起家，該企業進口、出口水泥都以宇部港爲輸運地，除此之外也提供其他船隻使用。

③由於船一出海少則一年多則兩、三年，因此船公司特地允許長官級的太太隨行。

④船從開始裝貨到卸貨完畢叫作一個航次。

⑤民國六十八年，發生三開四方（開南、開平、開明、東方、西湖、南強、泰北）七校學生聯手與中國海專學生打群架事件，轟動台灣社會。

⑥到達日本第一天已經傍晚，換班的船員要隔天才返台，所以我們實習生暫住旅館。

⑦船上的工具及物件都是鐵製品，東西如果不小心掉下來會砸傷腳趾，所以船上的人都穿有防止重物砸傷的安全鞋。

⑧舵手又叫AB，是在值班時間負責掌舵的人，但現在的船都有衛星導航，會自動修正航行方向，所以現在舵手只要看海圖和瞭望即可。

⑨下手的英文是wiper，按字面上的解釋爲「擦東西的人」，船上的維修或油漬需要擦乾淨，這些事都由下手負責，下手的工作大部分由實習生兼任。

⑩當時的時空背景實施黨禁，除了國民黨和青年黨、民社黨之外，政府不准成立新的政黨。

⑪小洪雖然負責長官們的房間清潔工作，但「獎金」不少。船長每個月會給他美金一百元，大管、大副各給五十元，二管、二副各給三十元，三管、三副各給二十元，所以小洪的薪資雖然不高，但加上這些「外快」也很可觀。

⑫領港人又稱引水人，是指揮船隻進出港的重要角色。通常由最有經驗的當地船長擔任，因爲只有他最瞭解該地水域的特性，知道那個水道可以通行，那個水道有暗礁，通常領港人上船時，會升起領港旗，當他下船時，旗幟降下，大家就知道船已經離開港口了。

⑬瀨户内海位於日本的四國和本州之間，是由太平洋延伸出來的内海，東西長約四百五十公里，南北寬四十公里，海上小島星羅棋佈。

72.12.10—72.12.11

宇部港→飾摩港

第一航次

72.12.11—73.01.18

飾摩港→大阪港→

東京港→川崎港→

（橫跨太平洋，經過國際換日線）

→美國西岸長堤

（Long Beach，位於洛杉磯南部）

→舊金山→奧克蘭

第三章

初相識

領港發號施令：……「左舵十度」…「右舷五度」…「穩住」………

德群輪慢慢離開飾磨港駛向大阪，

天色漸漸變暗，周圍被黑夜取代……

到了飾磨港的外海，船身震動得厲害，聲音大作，「怎麼了？」實習生全從艙房跑出來，東張西望，一臉好奇。

大約二十秒左右，聲音停止了，原來已經到達錨地，德群輪正減速倒車等船席①，下錨一會兒有了位置，船移至碼頭載貨，這一航次載的是鋼捲，目的地是美國西部。

「下去下去，靠岸一定要下去增廣見聞，以後待在船上的時間多的是！」雖然德群輪只在飾磨港停留一天，輪機長還是語帶鼓勵地「趕」我們下船。

這是「散裝雜貨船」的特色，每到一個港口載貨或卸貨，總會停留個幾天，趁工作空檔，我們就可以登陸增廣見聞，這也是最受實習生青睞的船種。

飾磨港位於兵庫縣（本州南部）的姬路城，雖不是著名的港口，但船隻往返頻繁。姬路給人的感覺很震撼，雖是一個小鎮，但豪華、氣派的商店街到處林立，市內更有著名的姬路城堡，足以和大城市互相媲美。

這裡的商店不收美金，我慶幸自己換了日幣，像個觀光客般買了圍巾和富士蘋果。閒逛時，用英文摻雜著漢字，比手劃腳地東闖西蕩，居然也玩得很過癮。

隔天下午四點半，大管再度召集大家stand by，點完名後，我偷偷跑到駕駛台上，看船離港實際操作情況。

領港人發號施令：「port 十（左舵十度）」、「starboard 五（右舷五度）」、「steady（使船穩住）」……領港人下船，德群輪慢慢離開飾磨港駛向大阪繼續載貨。

天色漸漸變暗，周圍被黑夜取代。

這個月我值下手的班②，下手的工作最爲辛苦，但工作時間正常，從早上八點到下午五點。

下班後回到房間，放了捲錄音帶，躺在床上，讓音樂充滿整個空間，時間不知過了多久，船似乎駛進一個美麗的小島，沿岸的燈光透過窗戶照射進來，起床一看，「哇！外面一片金碧輝煌！」頓時我被這迷人的夜景深深吸引住。

「這是什麼地方？」我叫了出來。

隨後，立刻打電話到駕駛台問值班的三副：「現在到底在那裡？」他聽出我的驚喜，也跟著興奮地回答：「大阪的外海，神戶呀！」

「眞漂亮！」

「你不知道啊！神戶的夜景是世界有名的，要不要上來看看？」

我二話不說，立刻跑上去。一進駕駛台，卻差點跌倒。原來裡面全暗，從亮的地方走進暗的地方很難適應，他們爲了避免我跌個四腳朝天，要我站在原地不動，左右眼輪

▲駕駛台操作車鐘

流張開，一分鐘左右，我才適應駕駛台的環境。

走到三副旁邊，拿起船長的望遠鏡，瞭望四周，海港夜景繽紛璀燦，美得光彩奪目！

由於夜間航行周圍全黑，只要有丁點星光點綴其間，就顯得無比耀眼，點點燈火連成一線，眞是美不勝收！

船於夜間航行，如何分辨方位？

在駕駛台上經驗豐富的舵手說：船在夜間行駛沒有頭燈，只有五顆很小的燈，分別爲船艏燈、船艉燈、主桅燈、左舷燈、右舷燈，船可以靠左紅燈、右綠燈來分辨別隻船的方向。如果看到綠色的右燈，表示船是由左往右開。航行時，除了舵手和船副兩個人負責値班瞭望之外，還得靠雷達掃瞄修正航線，並佐以羅盤、衛星定位的資料，駕駛台的值班人員再依照設定的航行圖行駛。

經過一天航行，德群輪進入大阪港，雖然在大阪預計停留四天，但一下船我就約了同伴，迫不及待想到豐臣秀吉的古蹟參觀。

大阪城是當年豐臣秀吉大將軍住的地方，有四百多年的歷史。脫鞋進去，從裡到外，再走到最高點，關西地區一覽無遺，我們一到那兒便猛拍照，拍完之後時間還早，再搭中央線地鐵，由本町到梅田（大阪車站的地鐵站名），還逛了阪神百貨公司，買了第一瓶酒，並到一家火鍋店大啖日本料理。吃過豐盛的晚餐，踩在異國的街道，我們悠哉地逛了大阪的夜景後，再按照原路線打道回府。

有了這次經驗，我的膽子變大了，直闖神戶。

神戶是個海港型都市，初生之犢不畏虎的我，東闖西蕩的逛到小市集，這裡類似台北的通化街，找到一家傳統老店，買了日本的木屐，又轉向神戶百貨公司添購一些日用品，我對自己有能力獨行十分興奮。

連續玩了兩天，第三天我選擇睡覺補眠。

醒來之後，實習生全不見了，就我一個人，船上很安靜，意外遇到老船員小劉，

「有沒有空?來，一塊吃。」他拿著在大阪漁市場買的蝦扒、小卷、生魚片，正到處找人吃東西聊天。

湊往前面一看，「哇!眞豐盛的一餐!」這一頓大概花了他不少錢吧!於是我回房把前幾天買來打算在生日當天慶祝的酒拿出來與大夥共享。

酒過三巡，大夥開始天南地北地聊起來。

「來，換你說了，你怎麼會在這裡?」話題最後繞到我身上。

我從小在台北萬華長大，艋舺舊港離家不遠，對早年船員、出海的生活並不陌生。國中對英文特別感興趣，英文成績也特別好，畢業後就毫不猶豫報名「中國海專」，幾個月前，透過父親朋友的介紹，得以到「德群輪」實習，這是一艘「散裝雜貨船」，也是所有船種裡唯一有機會「環遊世界」的船。

我就是典型的都會男孩，時髦愛玩，抱著「實習兼旅遊」的想法，因此在考慮船種時特別謹慎。

我從不考慮貨櫃船，因爲起卸貨很快，停幾個鐘頭就得離開；汽車船也一樣，艙門一打開，甲板一放下，汽車開上開下，沒多久就走了；我也放棄油輪（Tanker），雖然跑起來很穩，但都停在外海不靠岸；更不可能上低壓瓦斯船（L.P.G.），此時適逢兩伊戰爭，戰火隆隆，雖然船一駛進戰區薪水馬上調高爲百分之兩百五十，但危險度也相對提升……排除這些船隻和理由，不定期航線、走遠程、起卸貨慢，在港口停留時間長的「散裝雜貨船」成了我唯一的選擇。

「你還眞會挑哩！」他們聽了以上的分析，莫不點頭稱是。

水手長說：他們出一次海時間大約兩年，下船後可以休息三到六個月，視合約而定。跑船二十幾年，已經習慣了海上生活，一旦下船休息還眞不適應，而且感覺很無聊。

彼此談了些深入的話題，聊了一些心事，感情自然深了一層。這是我上船以來第一次和老船員如此接近，也是上船後第一次敞開心胸與人暢談心事。

備註：

①船席指船位，好比開車的停車位。船席需要事先預訂，價錢不一，視港口而定，有些國家的船席以一天計費，有些以小時計費。如果該碼頭沒有船席，一來可以等，二來就停在港中間以浮筒繫泊，靠接駁船卸貨。而一到錨地所發生震耳欲聾的聲音，是螺旋槳倒轉所產生的。

②船上採輪班制，除下手班爲正常班外，還分零到四、四到八、八到十二的班。所謂零到四爲凌晨十二點工作到早上四點，然後休息，中午十二點開始上班到下午四點下班，其餘時間休息；四到八的班爲早上四點上到八點，然後休息，下午四點起工作到晚上八點下班。因爲船上二十四小時都需要維修和運作，但是可以代班。

▲德群輪英文船名牌及煙囪一角

第四章

「蘆筍」受傷了

「我怎麼了？有流血嗎？」

他不敢用手摸臉，臉漸漸失去了知覺……

四天後離港時，繫在碼頭上的纜繩一條條解開，最後一條纜繩卻卡住了，船一直後退，「蘆筍」站在最前面，大家想辦法拉開，終於纜繩即將被拉平，但解開的刹那間，纜繩突然「咚」的一聲彈上來，不偏不倚、結結實實地打在「蘆筍」臉上，他感到頭暈目眩，人一直往後退，兩、三個人扶著他，他的臉色由黑色轉爲紫色、咖啡色，眼睛立刻變得紅腫，纜繩粗條紋的痕跡鮮明地印在他的臉上，樣子非常嚇人！

「我怎麼了？有流血嗎？」他那拉過纜繩的手套是髒的，「蘆筍」不敢用手摸臉，臉也失去了知覺。

「沒…什…麼，還好…還好！」小東用結巴的口氣、很噁心的表情告訴他答案。

接著大副急急忙忙跑過來，以質疑的口吻問：「怎麼會這樣？」

「蘆筍」察覺不對勁，再問：「我到底怎麼了？」後來他自言自語地說：「我的鼻樑好像已經脫開了。」

甲板部的同事扶著「蘆筍」進房休息，我和「小東」想幫忙卻無能爲力。下一站是東京，航程只有一天，水手長打算到了東京再送他進醫院。

走到甲板上，海風迎面吹來，雖然有點冷，感覺卻很舒服。接近東京港時，船搖晃得厲害，浪打得很高，沒多久，一片盛開的櫻花展現眼前，日本最高的「富士山」就在不遠處，山的外形像一把倒過來的扇子，頂峰有雪。聽說昨晚下過雪，甲板上原本還有雪花，大浪打到甲板上把雪花沖下海了。

一抵達東京港，大副就呼叫救護車，代理行人員（在當地負責與船方聯絡的工作人員）立刻將「蘆筍」送到東京鐵塔正下方的「國際開發醫院」。醫生檢查「蘆筍」的狀況十分用心，一下子照X光，一下子檢查眼睛、鼻樑，又做了斷層掃描，花了一整天時間，最後醫生告訴他一切OK！「如果實在痛得受不了，吃下它。」他慎重地遞了三顆比鼻屎還大一點的藥丸給「蘆筍」，「蘆筍」見折騰一整天的結果竟是三顆藥丸，噗嗤地笑了起來，總算鬆了一口氣。

正準備回船時，代理行的人問道：「你現在因公受傷，接下來你要回船，還是要回台灣？」

「蘆筍」一聽愣住了，「回台灣？我才剛出來而已，如果就這樣回去，怎麼跟家人解釋呢？」

「蘆筍」雖然回到船上，生活卻爲陰影所籠罩。只要一上甲板就兩腳發抖，機械不敢碰、物品不敢拿，唯恐被船上的重物再一次襲擊，而甲板部的老船員根本沒注意「蘆筍」的心裡恐懼，竟借題發揮地說了一則故事：某年某月的某一天，一名船員在某艘船的甲板上，船上的鋼纜不慎拉斷，斷了的鋼纜瞬間掃射出去……攔腰……好好的一個人馬上被切成兩段。

他們還說，在船上發生意外死亡，或有人被殺，屍體就直接丟進冰凍庫，待靠岸時再拿出來處理。有一年，某艘船上發生打鬥，當時正航行到大西洋上，死者就送進冰凍庫保存，有人不瞭解狀況，開了冰凍庫的門，裡面赫然躺著一具屍體，那位仁兄當場嚇得差點昏過去……沒人阻止他們繼續講下去，這種故事題材在船上最討好，但「蘆筍」聽得毛骨悚然。

在驚悚的故事陪襯下，德群輪直駛川崎補給①，以便放大洋②之用，川崎離橫濱很近，水手長勸我們到中華街逛逛。

備註：

①補給是指補充油（重油和輕油兩種）和水，這是放大洋前的必然動作。補給油和水是輪機部的大事，如果船的油沒加好，一來容易釀成火災，二來容易造成海水污染。而油（水）櫃不是透明的，加油（水）時要放油尺下去量，假設此油櫃有十公尺高，如果在四公尺的地方沾有油，表示油量有六公尺高。加水也一樣，雖然船上有淡水機可以製造淡水，但製造出來的是蒸餾水，喝多了會得軟骨病，所以船上的自製淡水只能洗澡、洗衣，不能飲用，補給加的水就是食用水。

②船橫跨太平洋或大西洋叫放大洋，時間通常在十幾二十天左右，這段期間船無法靠岸，所以放大洋前，大家會先買足日常用品，或私人喜愛的食品，船上的補給更顯得無比重要。

▲東京 淺草（左起依序為大管的大哥、二管、大管及其夫人）。

昭和四十九年十月十八日

第五章

聞名海外的中華街

「確定嗎？」大副再度向船長求證。

「對！下午就走。」他的語氣顯得權威獨斷。

大管臉色凝重，他很後悔讓太太單獨下船，

大家也只好跟著遺憾。

橫濱給人的感覺是舒服和從容的。這裡擁有大都市的富裕繁榮，卻沒有大都市的緊張忙碌，漫步橫濱街道，令人心曠神怡。

我們直奔中華街。

雖然名之爲「街」，實際上這裡不是一條街，而是像社區般大的地方，類似台北的西門町。橫濱的中華街是日本佔地最廣、名氣最大的中國城，光是中國餐館就多達兩百五十家以上，一位擦肩而過的朋友說：「這裡比美國任何一區的China Town都大。」

中華街在日本人心目中是一個能享受到中國菜的巨型餐飲特區，因爲發展的歷史悠久，來訪中華街的客人以日本當地人居多，而這裡的餐飲爲了迎合日本客人的胃口，在味道上有相當的調整，加上食品、材料、調味料大部分都在日本生產，所以這裡雖然吃得到大江南北的各式菜肴，但稱不上道地。

在中華街拜師學藝的日籍廚師非常多，出師之後，有的留在中華街，有的到其他地方自行開店。

走在中華街，不但看得到熟悉的中文，還聽得到特別的口音，因爲商店的主人大部分來自中國大陸，他們不但態度親切而且服務到「家」。

▲銀座的卡拉OK (左為大管 右為二管)。

我看中一盒冬菇，當場決定買下。他們表示只要留下地址、付足郵資，就會幫我把東西寄到家。於是我留下「台北市西園路一段……」的地址，老闆納悶了，他不解地問：『「一段」是什麼意思呀？』「啊！你不知道嗎？」他想了想，搖搖頭說「不懂」，大陸的街道跟台灣眞的不一樣吧！

逛街時碰到的一位留學生，他告訴我們：若仔細觀察中華街的地區配置圖會發現，這裡的主要街道參照了中國五行風水思想，灌入東南西北等方位成了橫濱中華街的主要通路，各通路主要入口處都有中國傳統牌樓，各冠有青龍（東）朝陽門、白虎（西）延平門、（南）朱雀門、（北）玄武門等稱號。

這個特別的發現，讓我們收穫不少。

日本工人連夜加班趕工，使得裝貨工作提早完成，他們的勤奮易動了我們隔天的行程。原本二十三日開船的，但船長認為既然補給完畢，加上「船席」很貴，突然決定提早在二十二日下午啓航，此時三副、大管的太太、小劉和小吳四個人，因爲早已下船而沒聽到指令，這意味著他們將有被放鴿子的可能。

「確定嗎？」大副再向船長求證。

「對！下午就走。」他的語氣顯得權威獨斷。

接著，大副把四人的護照交給當地代理行，請代理行安排他們直接搭飛機到美西的長堤（Long Beach）和我們會面，大管臉色凝重，他很後悔讓太太單獨下船買東西，雖然這不是她的錯，但船長的命令難違，大家也只好跟著遺憾。

就在領港人上船準備解纜開航時，我們遠遠看到他們走回來，這時大家都用雙手作成喇叭狀，大聲喊：「快！快！」他們見狀，加快腳步，三步併作兩步，飛也似地跑，在船離港前安全跑上來。

個個驚魂未定，不能想像被放鴿子會是什麼樣子。

此時小劉露出詭異的笑容說：「如果這次真的被放鴿子，我就『連莊』了！」

原來上一次，同一艘船，在美國西岸，船長也是突然決定提早開船，他回到碼頭時發現船已經開走，當場愣住，後來才由代理行帶他搭灰狗巴士，坐了將近兩天的車程，才抵達下一個港口和大家集合。

小劉說：他見多識廣，倒不害怕被放鴿子，但氣人的是那兩天的車費雖然由代理行先墊，但要從薪水裡扣，講到扣薪他就嘔，「提早開船怎麼是我的錯？」因此小劉以過來人的身分告訴我們這些菜鳥：「以後在船離港前一兩天出遊的話，最好隨時與船上保持聯絡，以免被放鴿子。」

第六章

放大洋，惡夢的開端

站在甲板上，凝視暮色蒼蒼的太平洋，

看不到陸地，看不到任何船隻，也看不到一隻海鷗，

除了颼颼的海風、洶湧的浪潮之外，只有濃濃的鄉愁……

離開日本後，天氣轉陰，難道這意味著放大洋是「陰暗」的開始？

太平洋面積約一億七千五百萬平方公里，佔地球面積三分之一以上，德群輪駛在遼闊的太平洋上像片孤獨的扁舟，面對一望無際的汪洋，之前在日本沿岸航行看得到陸地的踏實感，在這兒消失殆盡，往後的日子像是海上的孤城，得靠自己發電、造水、自給自足，這樣的「未來」讓我們開始緊張、害怕。

船駛出「浦賀水道」進入太平洋後，風浪大作。

十二月的東北季風特別強，大海翻騰，不斷發出「轟隆隆」的聲響，船搖得厲害，每一次搖晃，都令人提心吊膽、頭暈目眩，原本我們以為這麼嚴重的狀況只是一時的，過一會兒就會沒事，沒想到海上的狂風巨浪根本不停，一波波像山一樣高的浪潮每隔幾分鐘就撲來一次，風勢驚人，吹得讓人精神崩潰，輕微時呈左右十度搖晃，嚴重時超過二十度傾斜，我們第一次遇到這種狀況，不僅身體難受，心裡更是害怕，看到什麼就抓緊什麼，還好船上到處都有扶手，才不至於被猛烈的巨浪拋來拋去，但每個人臉色蒼白、驚慌失措，不久，就傳出有人嘔吐的消息。

「嘔吐的人先停下工作。」廣播器傳來輪機長的聲音，他交代資深船員協助實習生回房休息，並安排其他人分擔實習生的工作，像是處理例行公事般的鎮定。

大部分的實習生都躺在tally room①裡，手腳發軟、四肢無力。「蘆筍」開始後悔在東京沒當機立斷馬上返台，小東則有氣無力地說：「如果這時候有一架直昇機飛過，只要肯把我帶走，兩萬塊我都給。」「三萬我也給。」，「四萬……」像義賣喊價一樣，價錢節節高昇。

波濤洶湧，有人開始呼天喊地，但大海無視於大家「求救」，在這種嚴酷的惡劣環境下，輪機長索性下令實習生全都放假，回房間休息，並吩咐老船員將飯菜送到房間給實習生吃。

「要吃喲！不吃更難受，吃完再吐出來。」

「不吃不行嗎？不吃不就沒有食物吐出來了。」

「如果不吃，那麼吐出來的就是膽汁。」

「啊！膽汁？」

「不然吃水果也可以，總比不吃好。」

水手長拿一個蘋果給小東，但船一搖晃，立刻掉在地板上，蘋果隨船的搖擺在地板上滾來滾去，小東只好把手垂直放下，讓蘋果滾過床邊時再拿起來吃。

他的狀況很糟，索性在床邊放個大臉盆，省得爬起來吐；尿急時，就憋住氣，一口氣衝到廁所，免得在這短短的「途中」再次嘔吐。

我雖然沒有嘔吐，但也回房休息。

沒多久，「轟隆」一聲，船身上下振動，接著「啪、啪、啪」的聲音此起彼落，熱水瓶、咖啡罐、茶杯……噼哩啪啦全部倒下，嚇得人魂飛魄散，大概有十幾分鐘的時間，腦海一片空白，然後我起身一手抓住扶手，一手把地上的東西用繩子穩住，但要在傾斜十五到二十度的船上綁東西，談何容易，這時才意外發現，船上的椅子跟地板用螺絲栓在一起，原來早有防備。

隔天一早到二樓②用餐時，偌大的空間只有水手長和銅匠王師父，其他人都「掛」了，過一會兒，剛換班的小吳也進來，但滿臉蒼白，王師父說：「看小吳的模樣，準是有好戲要登場了。」果然，吃飯期間，小吳連做幾次嘔吐狀，情況非常糟。

王師父是山東人，人高馬大。

「你以前也暈船嗎？」我好奇地問。

「第一次誰不暈船？走幾次就好啦！」

眞令人難以想像，他這種大塊頭暈船會是什麼模樣。

吃完飯走出餐廳，恰巧碰到輪機長，他上下打量我，語帶戲謔地說：「哎喲！你不錯嘛！臉色紅潤。」，說完話還拍拍我的肩膀，表示對我強健體魄的肯定與鼓勵。我微笑不語，其實心裡很清楚，再這樣「晃」下去也會「掛」的。

隨後，跟著老船員一塊到船艉倒垃圾，這是「下手」每天的例行公事。船仍持續顛簸搖晃，勉強「走」到船艉，只見「老將」們臉不紅氣不喘，馬步一站，穩穩地把垃圾倒下去，我卻東撞西撞，當場垃圾七零八落。在波濤洶湧的海面上，我感覺胃裡的食物開始翻攪。

浪一打上來，有三層樓高，一波未平一波又起，眼前的視野全被遮住，除了凶猛的海浪，什麼也看不到，這時我最引以爲傲的好體力受到嚴重的考驗，想吐又吐不出來，而早餐剛吃下去的食物早已化作酸液，不斷湧出，湧到喉嚨再鑽出嘴裡，非常難受，我從船艉一路跑到廁所，壓住舌根，把剛吃下去的東西全部掏出來，吐掉。

吐完全身虛脫、四肢無力，開始懷疑老船員們爲什麼能在船上待那麼久。此時，船像「生死奪命」般的劇烈晃動，沒想到第一次放大洋會是這種狀況，感覺糟透了。

實習生們因不諳放大洋而放了一星期的假，但沒人有絲毫的愉悅。

十二月二十四日耶誕夜，原本這該是我們年輕人狂歡的日子，但船上的實習生，暈船的暈船、嘔吐的嘔吐、休息的休息、當班的當班，船上根本聞不到耶誕夜的氣氛。

站在甲板上，凝視暮色蒼蒼的海洋，完全看不到陸地，看不到其他船隻，看不到一隻海鷗，雖然太平洋從亞洲到美洲海域有超過兩萬個島嶼，但眼前一個也看不到，除了颼颼的海風、洶湧的浪潮之外，就是濃濃的思鄉之愁了。

海浪和風勢有逐漸緩和的趨勢，我信步走到二檯，只見水手長和木匠忙進忙出的拿電爐、鍋子、碗筷、可樂和酒。

「你們幹嘛？」

「幫你們準備耶誕火鍋大餐呀！」

水手長和木匠長年與海爲伴，爲人海派，木匠能文，水手長能武，兩人在工作上雖是長官對部屬的關係，私底下卻是一對令人尊敬的好兄弟，一見到他們，心情稍微好轉。

他們準備利用tally room作爲慶祝耶誕夜的場所。

雖然甲板部的「蘆筍」和小東是我最親密的伙伴，但這畢竟是他們部門的活動，就在準備離開之際，水手長熱情地邀我一塊參加：「這會是你『空前』的耶誕大餐，一定讓你永生難忘！」

「哇！眞豐盛的一餐！」我扒幾口東西進嘴裡，自從放大洋後就沒有吃過這麼美味的食物了。

經過一個星期後，大家已經適應船的搖晃，就在我們漸漸適應「歪」著過日子的時候，另一個問題接踵而至。

由於船由東半球往西半球行駛，每航行經度十五度便進入另一個時區，所以大約兩天就撥快一個鐘頭，雖然撥快時間的動作不用我們費心，控制台的同步鐘（例如控制台從兩點撥到三點，每個房間的時鐘就指向三點）會根據六分儀測量船位並核對海圖，幫我們調快時間，但由於時間持續撥快，我們的生理時鐘開始不適應，不是時差的關係，而是三餐問題。

該吃飯時，肚子不餓，不是吃飯時間，卻飢腸轆轆。另外大家似乎也患了「失眠症」，非得等到凌晨兩、三點才肯睡，但七點多睡意正濃時就被挖起來，工作沒精神，午睡時間經常睡到下午三、四點，雖然太陽照樣日升日落，生活卻失去了重心。

這像是另一個世界，一切作息脫離生活常軌。

船的搖晃、生理「食」鐘的失調，讓我陷入低潮。

我胸口鬱悶，走出房間，工作的工作，嘔吐的照樣嘔吐，休息的照樣休息，連找個說話的對象都沒有，外頭黑漆漆一片，沒有星光。這時有一句話出現在腦海裡，那是上船前一位長輩說的話：「有些船員受不了船上的苦悶就『跳海』自殺了。」

腦袋隱隱作痛。

惆悵、傷感排山倒海而來，感覺自己像坐「水牢」，好想大哭一場……我的情緒盪到谷底！這時，另外一句話也鑽進腦海，也是一位長輩說的：「其實，當船員也要有條件，活潑、外向的人比較適合。」

活潑、外向？我一向被親朋好友視為活潑、外向的人，如果連我這種人都難以度過難關，豈不是太糟糕了！

我決定要「不擇手段」找人講話，至少要藉說話釋放自己、解開心情。

走到駕駛台，正在值班的是三副和舵手小劉。

三副畢業於海洋學院，基隆人，家做生意，三十出頭，這是他職業船員生涯的處女航，也是跟我們一起從台灣搭機到日本來的伙伴之一，由於住過日本，剛下飛機時還教大家幾句日文，跟他的關係自然近一些。

小劉是個有經驗的水手，年紀接近四十，外省人，很健談，以海爲家，長髮過肩，經常綁個馬尾，算是船上裝扮最特別的一位，雖然年紀長我們一些，但也能和年輕人打成一片，所以我一進駕駛台就受到歡迎。

「來，來，進來！」

「Coffee or tea?」

這是駕駛台上才會出現的對話，因爲這裡供應咖啡和茶。

他們輕鬆地聽著「美國之音」，天南地北地聊著美國和台灣的事情，時而說說笑話，時而說些故事，這裡充滿著和我內心世界截然不同的氛圍。其實他們也跟我一樣經歷暈船、生理時鐘不適應的問題，但此時此刻的他們卻像沒事一般，談笑風生。

我很快放鬆自己、融入他們，時間轉眼即過，快接近午夜十二點交班時，無意中聽到三副跟小劉說：「再過兩個多小時，大概凌晨兩點三十四分，就要經過『國際換日線』了。」我一聽，欣喜若狂，這表示明天還是十二月二十九日，將要在船上過兩次的十二月二十九日，眞是太奇妙了！

我怎麼也不肯睡，由於三副和小劉值晚上八到十二點的班，船上會供應宵夜，於是就跟著小劉到他房間拿兩罐沙丁魚罐頭、三包泡麵，搬到二樓痛快吃起來。

一般的泡麵並不好吃，尤其大陸、韓國、香港製的泡麵更是難以下嚥，但加上沙丁魚罐頭，吃起來味道就特別棒！三副開了酒，大家忍不住划起拳來，我們用不失大雅的酒局來慶祝這特別的經歷。

可不是嘛！兩點三十五分，德群輪就在國際換日線上，我們已經航行到了西半球。有多少人能像我們一樣，親身經歷從東半球跨過西半球的感覺呢？

三點多，帶著微醺的酒意，和大夥道過晚安，我第一次解讀內心世界，從沮喪、悲觀轉為開朗、積極，像在心裡打過一場仗似的。如果還有下一次低潮，就當是考驗體力和意志力的機會吧！

備註：

① tally room就是貨主與船方驗貨簽收及休息的地方。

② 船上階級明顯，長官吃飯的地方叫大檯，其他人在二檯吃飯。

第七章

橫跨西半球

深夜，甲板上一片漆黑，

月亮走了，周圍的氣氛寫著「黎明前的黑暗」。

突然間，「迸」出一點小火光，在一片黑暗中，顯得那麼清楚，

像潑墨畫一般，慢慢地暈開，浮上海平面，周圍的景物逐漸清晰，

火光時而緩慢，時而加速，越來越大……

那正是海上的日出！

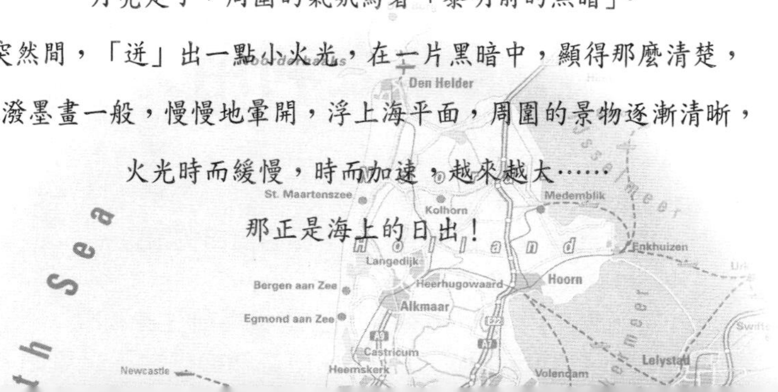

▲吊桿頂部高度距主甲板約為四層樓高。

西半球的第一天，由「修吊桿」（起重機）揭開序幕。

早上一報到，大管就叫我幫電機師拆除五號吊桿上一個受潮的馬達，那吊桿位在主甲板上很高的地方，雖然必備工具全部帶了，但船搖晃得厲害，下著雨，氣壓又低，風一陣陣的「啪、啪、啪、啪」吹來，讓人怎麼也不想在上面多停留一秒鐘，迅速拆完東西後，立刻下來，電機師問：「你還好吧？」我竟回答：「好像在拍災難片喔！」

他居然被這答案逗笑了。

電機師是海軍退役軍官，很嚴肅，他是個內向、節儉、不跟人打交道、不下船逛街的人，平常少有人跟他接觸，我算極少數跟他對話的人，不過也就這麼一句，辦完事我們各自離開，沒再多說什麼。

風大雨大，乾脆直接到浴室泡熱水澡，船上的熱水二十四小時供應，我們的浴缸很大，用蒸汽加

▲機艙控制室 背後為主控台，是船舶動力的神經中樞。

熱，像洗三溫暖，好舒服！

一天接近尾聲，而今天還是十二月二十九日，大家多做了一天工。

「大家都還適應吧？你們已經過了半個太平洋！」輪機長說，德群輪預計在西半球時間七十三年一月八日抵達美國西岸的長堤。

這個消息的確令人興奮，不過，抵達美國之前，得先經過另一關考驗——求生滅火演習，這是進入歐美國家才有的規定，如果演習不成功，表示船員素質有問題，需要加以訓練，船才可以繼續開航。

這天，天氣晴朗，雖有十級風，但順風順浪，船長利用這難得的「好天氣」，九點正，一聲鈴響，每個人跑到房間戴安全頭盔、穿救生衣，並攜帶個人應急用品及負責之工具，以備不時之需。

就在我們各就各位準備演習時，突然間，天空下起一陣冰雹，大家連忙躲起來。黃豆般大的冰雹噼哩啪啦地灑下，打在水面上，發出「颯、颯、颯」的聲音，雖然對準備演習工作的船長來說有點掃興，但對我們而言卻是難得一見的奇景，有些人忍不住跑到甲板上欣賞這幅壯麗的景觀，還拿幾顆吃下去哩！

冰雹下得猛，長達十幾分鐘，把船上的油漆都打掉了。不過下完冰雹之後，海上的浪花變小了，原來冰雹有「鎮浪」的效果。

結束觀「冰雹」的場面，船長決定，演習照舊，大家各就各位。

「鈴-鈴-鈴-鈴」這是「棄船求生」訊號。我立刻戴安全頭盔、穿著救生衣，上了一號救生艇位置，跟大管、老王合力啓動小艇馬達，檢查油量及運轉情況，這部分令人滿意。

但小顏出了狀況，他找不到艇塞，急死人了，若實際情況來了，這小船不就沈了嗎？（救生艇通常懸掛在船舷邊，下雨的時候艇內會積水，所以下面有個洩水孔，這個孔有個塞子，就像浴缸的塞子一樣，開船的時候要將塞子旋緊，水才不會冒出來。）結果小顏挨了船長一頓罵。

隨後展開滅火演習，水手長在五十加侖的柴油桶內點火，讓每個人輪流以輕便滅火器撲滅，這時我們機艙同仁由大管率領回控制室啓動緊急滅火幫浦，測試結果一樣令人滿意。其實按照規定，大管每星期要督促大家測試小艇馬達、滅火幫浦和緊急壓縮機，但是大管只是在「機艙日誌」上寫寫罷了，根本就沒有執行，幸好這次演習還滿靈光的，要是失靈的話他就糗了。

演習完畢，小顏告訴大家一個好消息：「晚上加菜」，原因是「迎接元旦」。由於船上的日子單調，長官會找各種名目改變生活、辦些活動，今天是十二月三十一日，所以晚上的節目是「倒數計時」，原本這是西洋人的玩意兒，在台灣那有人「倒數計時」的，「別忘了！我們已經來到西半球，應該入境隨俗呀！」

大廚從平常的四菜一湯變成十菜兩湯，光這個就夠我們欣喜的，而原本大檯、二檯是涇渭分明，但今晚不但「戒備解除」，而且禮數不拘，我們實習生一夥人端著杯子跑到大檯敬酒，邊敬酒還邊調侃長官：「你們怎麼吃得比我們好？餐廳這麼豪華？」

大檯的佈置眞是富麗堂皇，像極了五星級大飯店，令人十分羨慕。

雖然我們不是第一次到大檯，還是忍不住讚嘆一番，船上對長官的待遇實在沒話說，不僅吃得好、住得舒服，視野更棒！

最上層是駕駛台，第二層是船長及輪機長的辦公室，船長室在右舷的最角落，輪機長室在左舷的角落，第三層是大副和大管的辦公室及艙房，他們的舷窗可以看左、右邊的風景，每個人的辦公室約有二十坪大而且都是套房，也許這些「行頭」對立志跑船的人有鼓舞作用吧！

經過一個多禮拜的巨風巨浪，隨著接近新大陸，風勢緩和。還有四天就到美國，即使現在仍然長浪滾滾，但美國的誘惑已經掩蓋船的搖晃，大家七嘴八舌地討論一到美國該到那裡玩，要去那裡狂歡，到那裡吃海鮮、買東西……，甚至還有人帶美國旅遊指南，看得出是有備而來。「美國眞的那麼吸引人嗎？」大夥很清楚，是結束「放大洋」吸引人，誰願意與惡浪搏鬥，忍受左右搖擺、傾斜度日的生活，其實我們的心願很小，根本不期待什麼環遊世界，只要能趕緊靠岸，那怕是鳥不生蛋、烏龜不上岸的地方，都能心滿意足。

這晚，也許是快到美國的興奮，也許是快結束放大洋的愉快，也許是喝太多茶的關係，總之，就是睡不著。

深夜，站在甲板上，周圍一片漆黑，我們習慣這樣的黑、這樣的夜，所以依稀可以分辨船上的微弱燈光，也許再等一會兒，就有機會看到日出。

不一會兒，光線都暗了，月亮也走了，周圍的氣氛寫著「黎明前的黑暗」。不久，遠處發出小白點，正準備開始綻放光芒，突然間，「迸」出一點小火光，在一片黑暗中，顯得那麼清楚，它的周圍似乎受到感染，像潑墨畫一般，慢慢地暈開，浮上海平面，我

▲長堤港邊的遊艇碼頭。

周圍的景物也逐漸清晰，火光時而緩慢，時而加速，但越來越大……那正是海上的日出。

船慢慢接近長堤，美國陸地近在眼前。

元月八日德群輪進入熱鬧繁榮的長堤港。

檢疫官員、移民局海關一一上船檢查，代理行則拿了一大袋包裹上來，「信來囉！」小劉嚷著。

老船員大概跑船已經麻木了，信件很少，大部分是實習生的，信件越多的人表示越紅，沒有信件的人會很羨慕地跑來問：「都寫些什麼？有什麼消息（關於台灣）嗎？」

「蘆筍」收到的東西最特別，除了信件之外還有女朋友寄的錄音帶，只見他一拿到信和包裹就滿足地往房間走去，一副甜蜜模樣。

我的信件不少，十幾封，有爸爸的、妹妹的、朋友的、同學的，大部分是問候和叮嚀。

妹妹心思細膩，寫了很多台灣最近發生的大小事情，信末還附上一句「肺腑之言」：「想到你在環遊世界，而我還埋首書堆，心理很不平衡。」

唉！小妹，你有所不知啊！如果你看到太平洋如何「險惡」，船在海上如何顛簸，大家吐得連膽汁都跑出來，你會知道實際的狀況不如你的想像，現在提起「放大洋」，大家還心有餘悸哩！

除了信件之外，另一份包裹是小高寄的，我們在救國團的海上活動中認識，上船前她知道我迷上中國時報連載的漫畫「烏龍院」，特地將它裝訂成冊，那厚厚的一本剪報，讓我滿懷感激。

第八章

美國——夢想之都

利用船上的舷燈往下照射，魚兒全聚集過來，
「哇！有了，有了！」一條條鯖魚紛紛上鉤，
一個龐然大物從海裡慢慢湧出來，好大好大，
像潛水艇，鯖魚立刻消失，我們當場愣住……

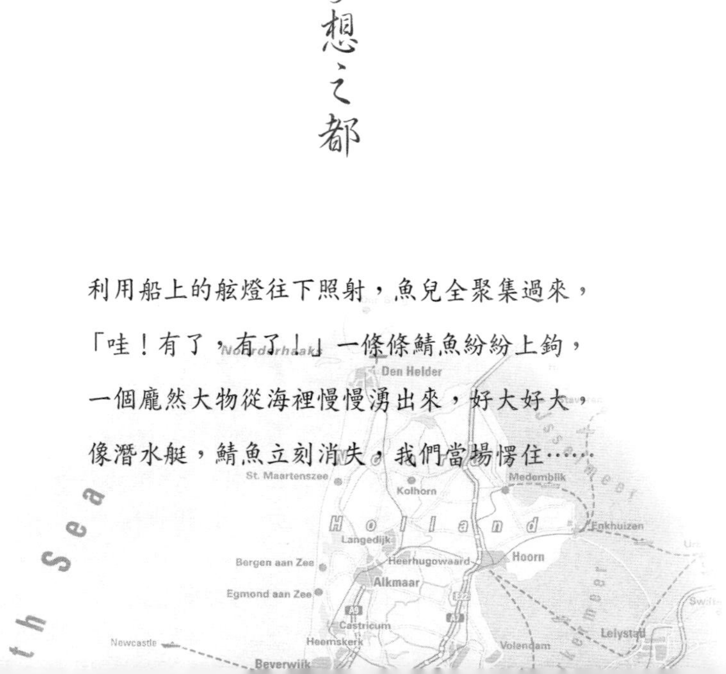

▲實習生同遊長堤市中心 (前排左起依序為小李、作者、「蘆筍」、小傅，左後為小顏，右後為小東)。

長堤是加州第五大港，洛杉磯地區的第二大港，熱鬧異常。

一到美國，每個人都摩拳擦掌、躍躍欲試。

船上鬧烘烘的，大家大聲討論在美行程。

這時輪機長走過來，提醒我們：「到美國的第一件事，不是找女人，不是去酒吧，不是shopping，而是找泥土，脫掉鞋子，光著腳丫子，到草地上走一走，吸吸土氣！」這話挺有趣的，在船上都是鐵板，到「陸地吸土氣」多麼重要呀！

一下船，拎著拖鞋，光著腳，踩在水泥地板上「哇！感覺涼涼的！」再往前走，踏在綠色草坪裡「哇！好舒服！」旁邊還有柏油路，走上去「哇！腳底刺刺的！」終於有了別於船上的感覺，眞棒！

「蘆筍」也下船閒逛，他拿著一顆「白色藥丸」走過來，那是從碼頭邊，掛在牆上的機器取下來的。

「這是什麼東西呀？怎麼每個工人都拿來吃。」「蘆筍」吃了一顆，很鹹，我也嘗一口，「是鹽巴。」我們異口同聲地說。後來問老船員才知道，它確實是鹽巴，因爲碼頭工人起、卸貨很辛苦，工作量大，流的汗很多，於是碼頭備有「自動鹽巴機」，讓工人方便隨手取得，以便補充身上流失的電解質。

「原來如此。」

不過「蘆筍」有點不以爲然。「辛苦？他們工作很辛苦？」

剛剛他才看到美國工人的工作態度，貨吊到一半，下班鈴聲響起，他們立刻放下工作整裝回家，貨就懸吊在半空中，根本不像盡責的工人，其實他們只要再花一、兩分鐘就OK，但他們偏不做，因爲已經下班了。

也許他們還是很辛苦，只是美國更民主罷了。

不遠處，一位妙齡女郎正在船邊輕盈漫步，看起來搖曳生姿，毫無疑問的，她是我們下船之後所看到最美麗的畫面。

「What can I do for you？」我上前問。

「…………………」她害羞地講了一句很快的英文。

「Pardon?」

「Do you know someone need company?」

原來是賣春的，我指向船上，請她到二樓旁的交誼廳，應該可以找到人。

不到半小時，她悻悻然地走出來，臉上寫滿失望，顯然沒人上門。

咦！服務部的小洪呢？我們船上最懂得「情趣」的男人，怎麼沒上，難道他不在？

「他早就下船買『花花公子』了。」「蘆筍」說，他下船速度超快的。

說起小洪，絕大多數的人都是先認識他的房間才認識這個人。

他的房間非常出名，人見人愛，牆壁上沒有一吋空白，處處用成人雜誌的美女照片或海報裝飾，有的露兩點，有的露三點，有的只露臀部，有的全裸，國內國外都有，黑人、白人不拘，簡直「美不勝收」，連天花板也不放過。

你可以想像，小洪躺在床上，望著天花板的美女向他擠眉弄眼，流露嬌媚的眼神，有多麼令人羨慕，而且房間的燈光還是粉紅色的。小洪運用巧思，用粉紅色的玻璃紙把電燈包起來，讓整個房間顯得極為浪漫誘人，因此船上的人，不論官職、位階，有事沒事都喜歡到小洪房間逛個幾圈，然後像打了一針興奮劑似的，精神抖擻地離開。

可惜，這次小洪太急了，不然他肯定很高興美女主動上門。

傍晚時分，彩霞滿天，航道的浮筒上停滿海豹和海獅，形成一幅特別景觀，對襯的畫面則是一群坐在船舷，悠閒垂釣的船員！

原本大家迫不及待想找樂子，但經驗老道的小劉自備釣竿、魚餌，大家起而效法，紛紛到附近買釣竿，享受釣魚之樂。

美國港口原本禁止釣魚，除非有證件。但港警知道船員生活苦悶，所以對於遠洋商船都睜一隻眼閉一隻眼。

這裡最有名的是俗稱「花飛」的鯖魚，鯖魚也是製作沙丁魚罐頭的主要材料。聽說，在北太平洋靠近北海道、蘇俄一帶更多，曾有漁船在那一帶捕魚，魚網一撈，整艘船差一點傾斜，一次上網所捕到的鯖魚，倒在甲板上的高度超過人的膝蓋，可見魚獲量之大。

天色越來越暗，利用船上的舷燈往下照射，不一會兒，魚兒全聚集過來，「哇！有了，有了！」一條條鯖魚紛紛上鉤，很快的就有五、六十條，沒多久，有人尖叫，一隻龐然大物從海裡慢慢湧出來，好大好大，像潛水艇，鯖魚立刻消失，我們當場愣住，退避三舍，「一定是大白鯊！」小劉說。

▲初遊迪士尼樂園的四個中國海專實習生。

只見那龐然大物緩緩地從水底游過來，漸漸地浮出水面，牠鼻孔生於頭頂，尾巴分歧，游到船艉時，昇出水面，深深地吐一口氣，再緩慢游回海裡。

「哇！」我們個個張大嘴、摒住氣，不敢出聲，不敢相信眼前的事實，牠正是鯨魚，就在我們眼前，長約十五公尺，悠哉地游來游去，一點都不怕生，在這短短幾分鐘內，牠的每一個動作都被大家熟記，而且津津樂道。

垂釣的人越來越多。大管也去買兩根釣竿，我借了一支，加入陣容。

海風輕吹，非常舒服。如果「美國行」由港邊的垂釣揭開序幕，也是一件快樂的事，至少目前爲止，大家樂此不疲。

我和「蘆筍」、小東三人自然地形成一個小團體，「蘆筍」跟我拼命釣魚，小東拼命殺魚，一

▲船上同事合照於離開迪士尼樂園前 (左起依序為 輪機部實習生小吳、三副、舵手小劉、輪機長，右起依序為二管、報務主任、甲板部實習生小東及「蘆筍」)。

群人拼命吃魚。一個晚上，我們釣到兩百多條魚，讓殺魚的小東兩手發軟，直嚷罷工。

小劉說：爲了保持魚的新鮮度，釣上的魚，要嘛就煎來吃，或趁新鮮加些薑絲煮湯，味道都很棒；不然就塗上鹽巴，放進冷凍庫，要吃的時候拿出來退冰。我們將牠們一分爲二，一部分當晚解決，一部分送進冰庫。

午夜剛過，我們以魚湯當宵夜，那味道除了鮮美可口，再也難找到其他的形容詞。

就在吃魚的當兒，我們聽到「蘆筍」「啊……」的尖叫聲，小劉說：「一定是釣到大魚了！」因爲「蘆筍」還沒釣過「大尾」的。

結果，「蘆筍」臉色蒼白地跑來，氣喘地說：「小劉，你的釣竿被拖下去了！」小劉一聽，連忙跑出去看，只見釣竿被魚拉得越來越遠，我們試著用其他釣竿，想辦法甩出去再用魚鉤「鉤」回來，都沒辦法。

「那一定是條大魚，一定是！」小劉篤定地說。

「快把救生圈給我，幫我綁著，我要跳下去！」

「不好吧！小劉，保命要緊呀！」小劉愣在那兒，不發一語，見釣竿漸漸遠離，才放棄搶救釣竿。

回到二檯吃魚時，他一直面有難色，這時的鯖魚一定也走味了。

隔天，伙食供應商孫先生（大陸華人移民第二代）開著車載我們到迪斯奈樂園玩，傍晚則到有「小台北」之稱的蒙特利公園市吃「蚵阿煎」、「魷魚羹」，聊以暫慰遊子的思鄉情懷。

晚上大家聚在交誼廳看電視，這時新聞傳來迪斯奈樂園裡一位女子自殺的消息，畫面停在我們早上搭的雲霄飛車旁的大雪山上，後面的座位全被血噴得面目全非，英文極佳的大管邊翻譯邊解釋給我們聽，那女子在雲霄飛車飛到快靠近大雪山時，突然拔開腰前的安全帶跳起來撞山，當場死亡，現場已被封鎖……。

早上去玩雲霄飛車的人個個從椅子上跳起來，站在電視機前，睜大眼睛，不敢相信眼前的事實。按時間推算，應該是我們離開迪斯奈樂園沒多久發生的事，大管說：美國當局考慮以後的安全帶將改爲強制性的，不能隨意拔開。

隔天一早，我買了一份美國報紙閱讀，眞的有昨天的新聞。

距離船開離長堤還有兩天，便跟船長夫婦、三副到長堤的Marine Center逛逛，這遊艇碼頭眞的很棒！天氣晴朗，微風送爽，海鷗飛來飛去，當地人紛紛來這裡享受冬日暖洋的午後。這裡的風景不錯，我把拍完的底片拿到附近的Photo Express去快洗，在等照片的一個小時中，和三副到一家氣氛不錯的咖啡廳喝咖啡聊天，等拿到照片時才知道，這裡的快洗眞貴，平均一張照片要20元台幣。

84 1 1

第九章

偏心的大管

「要以牙還牙嗎？還是找機會報復？」我咬牙切齒，

船上的規矩如軍中鐵令，一起衝突，後果不堪設想。

忍吧！如果跟他「幹」上，準沒完沒了！

▲德群輪的心臟-主引擎的汽缸掃氣室(共有六個)，每運轉七百五十小時需大保養一次。

一早，我有自知之明地換上一套髒的工作服，這個月輪值「加油」的班，主機經過放大洋，是到該保養的時候。

正當上工時，負責排班的大管卻走過來說：「今天你兼下手。」原本當下手的學長小吳被派到別的地方支援，大管理所當然要我支援小吳的工作。

「但是，爲什麼不是他另外兩個學弟呢？」大管畢業於海洋學院，有很多優點，學識豐富、英文很好、字跡漂亮，唯一的缺點就是「偏心」，輪機部只有我和小吳不是他學弟，凡是不好的事，都有我們的份。

「今天要清理掃氣室哦！」工作交代完畢，他轉身就走，留下憤怒的我。

這不是第一次。

輪機部的實習生有四個工作缺，三個加油和一個下手，下手工作最累，我上船的第一個工作，大管就要我當下手，心想也無所謂，反正用輪的，但慢慢卻覺得不是那麼回事，輪到大管的學弟清理「掃氣室」時，他會適時伸出援手說：「這工作下一次再做，先做這個（輕鬆一點的）。」他口裡的下一次，幾乎都輪到我當班。

今天再次面對「下手」的工作，感覺像世界末日。

主機或發電機吊缸①的時候，下手的工作是清理「掃氣室」或清洗滑油槽，掃氣室裡盡是柴油在氣缸內經過壓縮點燃排出的廢氣所留下的油泥和殘渣，因此清理「掃氣室」的人都會穿上最髒的工作服，不但要聞那難受的味道，還要在機艙忍受震耳欲聾的機械聲，忙了一個早上，好不容易灰頭土臉地爬出來，中午已近，卸完班，脫下工作服，吃過午飯，把身體洗乾淨後，大管再度找上我。

「你，下午再到機艙幫忙！」他說得那麼理所當然，眞不能理解大管爲什麼那麼袒護他學弟，難道我遠渡重洋從半個地球外來到這裡，就爲了做清理「掃氣室」的工作嗎？

有一次，輪到他學弟小胤當下手，剛好發電機要「吊缸」，需要清洗滑油槽，大管交代，要我幫小胤遞破布、油桶，這倒無所謂，令人不滿的是，大管竟只叫他把殘油汲出、油泥清出即可，而我上次吊缸清洗滑油槽時，除了清油泥之外，還得用柴油擦拭槽壁以溶解油泥，再以棉紗做細部清潔，而且一次不合格，直到擦得光可鑑人方才通過。

越想越氣，人越氣的時候會莫名其妙的找更多不愉快氣自己，發生這檔事，我很不理智地聯想起前天發生的事。

▲主引擎的活塞；一般汽車的活塞約只有五公分大小。

前天，大管沒來由地叫我以後不要亂用廣播器。剛開始聽得「霧煞煞」，後來才想起那件事。

大管帶他的學弟小戴打乒乓球，早上十一點半叫班時，打電話到小戴房間沒人應。船上的規矩是：交班前三十分鐘叫班，前十五分鐘到值班位置，後十五分鐘交代工作及移交值班日誌。但我從十一點三十分鐘找小戴找到四十三分，眼見時間快到了，小戴卻沒出現，而他之前有兩、三次接了電話卻又躺下去睡覺的先例，我只好用廣播器叫人。

這一叫，把輪機長叫出來了。「啊?到現在還沒交班，跑到那裡去了?」輪機長只好盯大管，大管心裡不爽，才把氣出到我頭上來。

但話說回來，要是被叫班的是我，鐵定被大管罵，他一定會說：當班的時間到了，還打乒乓球。他學弟打就可以，我就不行，這就是極不公平的所在，最後還是輪機長出來打圓場才結束。

「要以牙還牙嗎？還是找機會報復？」我咬牙切齒，幾乎上齒要咬斷下齒，忍吧！如果跟他「幹」上，準沒完沒了，沒多久就可能被「遣送回國」，船上的規矩如軍中鐵令，除非能改變大管的觀念，否則一起衝突，後果不堪設想。而改變他人的想法難如登天，最後只好放棄掙扎，認命的和油漬污垢搏鬥。

待工作暫告一個段落，坐在控制台，立刻把心裡的不滿轉爲文字寫在日記上，這麼一寫，竟洋洋灑灑地寫了四大頁，而憤怒在轉化爲文字的過程，也漸漸的由濃轉淡，我心裡默默祈禱：希望自己能忍到下船，不要再有打架的念頭。

在機艙整整待了九個鐘頭，再次洗個熱水澡，步入交誼廳，裡面一片歡笑，原來電視機裡正演著「三人行」影集，怨氣稍微減少，再跟小劉借腳踏車騎到碼頭倉庫的公用電話亭打電話回家，聽到爸媽的聲音，一切的不如意，暫時拋到九霄雲外。

今晚是長堤的最後一夜，在交誼廳裡只見「蘆筍」「磨刀霍霍」，原來對剪髮特別有興趣的他要幫大家理髮。

船上什麼都有，包括推剪、剃刀，他到廚房磨刀，煞有介事地當起「理容師父」。從上船到現在差不多一個月，大家的頭髮都長長了，有人幫忙剪，又是免費的，豈不是更好？「蘆筍」一切就緒，我主動坐上去，第一個報名當「實驗品」。

見生意上門，「蘆筍」欣慰地說：「還是同校的夠意思。」

說「實驗品」，其實對「蘆筍」並不公平，因爲他的技術不錯，對美學也很有概念，平常他的頭髮就是對著鏡子自己剪的，而且別人看不出那裡不對勁。

輪機長看我一上坐，特地跑過來說：「再過不久就會到香港，香港有個上海師父手藝很棒！價錢又便宜，不妨等到香港再剪。」但放大洋少說二十天，還能等嗎？再則，以我跟「蘆筍」的交情，若不捧場，豈不是讓他沒面子。更何況，今天已經受了這麼多窩囊氣，趁剪髮之際，把身上的晦氣、不如意全部「刮」乾淨，不是一舉數得？

「剪吧！兄弟！」

換個髮型、換個心情。

備註：

①吊缸又稱大保養，主機或發電機在經過一定時間的運轉後就需要一次大保養，以確保下次航行的安全，否則在大海中「拋錨」可是無法找人拖吊哦！

第十章

意外之旅

船邊不遠處就是著名的惡魔島，

船艉的奧克蘭海灣大橋，車輛如織，

暗夜中，看著萬家燈火的舊金山，景色迷人，

我們邊喝啤酒邊欣賞夜景，每個人心情都很high！

▲攝於橋下堡壘(Fort Point)，背後為金門大橋。

十五日下午五點船駛離長堤，十六日晚上九點到達舊金山灣下錨，預計隔天凌晨移至奧克蘭市的碼頭。

走到甲板上，遠遠看著舊金山市，眞是萬家燈火，高樓大廈櫛比鱗次，船邊不遠處就是著名的惡魔島，距離船艉後面五百公尺的奧克蘭海灣大橋，車輛如織，比起長堤，長堤像是悠閒的港口，這裡像是節奏緊湊、生活忙碌的大都會。

燈火通明，夜色迷人，我們邊喝啤酒邊欣賞夜景，每個人心情都很high。

▲纜車是舊金山最大的特色。

隔天早上七點二十分，小吳打電話到房裡叫班，走出甲板，一陣寒意襲來，雖然同處加州，但這裡的氣溫比長堤低約五度，披上大衣，吃完早餐後進入機艙，今天原本的工作是主機「吊缸」，大管通常會在主機引擎運作七百五十小時之後安排「吊缸」的工作。

但一下機艙，只見裡面亂成一團，原來鍋爐燃燒器漏油，噴得亂七八糟，大家正忙著搶修，我見狀，趕緊躲開並把手中的菸熄掉，轉身走到鍋爐水位計旁，沒想到水位計居然也漏水，真是「屋漏偏逢連夜雨」，漏油、漏水一起來，要壞一起壞，由於搶修工作持續進行，大管只好放我們一天假。

偷得浮生半日閒，何不到市中心走走？

「誰要一塊去市中心？」這一呼叫，水手長、王師父、阿清、小劉、小顏、「蘆筍」都應答，一行人浩浩蕩蕩出門。

「到那裡？」一個老黑開著跑車過來，問我們要不要搭便車。

「China Town！How much？」

「Fifty dollars？」

簡直坑人，我們可不是鄉巴佬，才不上他的當，後來討價還價後以三十塊成交，而那輛跑車硬是擠了我們七個大漢。

我們這群人大致可分為兩類，我和「蘆筍」屬於觀光團，其他五人是採購團，因此到了中國城後大家各自表態，分道揚鑣。

我們沿路找往金門大橋的長途巴士，邊走邊問，終於找到了巴士。好心的司機瞭解我們的目的地，特地把車開到離金門大橋最近的地方放我們下車，免得我們還要多走一些冤枉路。

金門大橋壯麗的景觀矗立眼前，前晚經過時不覺得怎樣，今天恭逢其盛，我們特地上前摸摸鋼纜有多粗，用力走在金門大橋上瞧瞧是什麼味道，感覺難以言喻。

前晚從橋下搭船經過時，橋面離船約一百公尺高，只覺得金門大橋晚上好美。今天欣賞了白天的景致，心裡有說不出的滿足。

到這裡才發現原來下面還有一座古堡，裡面保留南、北戰爭、第一次世界大戰用的古砲、砲台和馬車，這些特色讓這趟金門大橋之旅豐富不少。

隨後我們有志一同地前往「漁人碼頭」，同時想逛逛繁花盛開的花圃彎街（crookedest street）。人生地不熟的我靈機一動，跑到小店找到一張漂亮的明信片，正是這裡，問了當地人，在他們的指引下，很快找到嚮往中的花圃彎街。

一到那兒，我們相當失望。明信片裡的花圃繁花錦簇，但眼前的花全都凋謝、枯萎了，原來正在整理花圃，失望之餘，我們換個角度想，盛夏的美豔和深冬的凋零我們都見識到了，也算是難得的體驗吧！

再回到中國城搭車時，恰巧遇到採購團的五人小組。

「你們去那裡？」

「金門大橋、漁人碼頭、花街、搭纜車……」我和「蘆筍」一五一十地敘述短短四個小時的觀光景點，他們羨慕死了！聽得口水差點流出來。

這趟「意外的旅程」，我們享受著意想不到的喜悅。

卸下從日本載來的最後一批鋼捲，奧克蘭算是我們這批人第一個航次的終點站。

73.01.18—73.01.22

奧克蘭（加州）→波特蘭(奧瑞岡州)

第二航次

73.01.22—73.03.25

波特蘭→加拿大溫哥華島

→（走高緯度大圈航法，經過北太平洋、

阿留申群島、北海道的津輕海峽、

對馬海峽、台灣海峽）

→香港→曼谷→新加坡（補給）

→孟加拉吉大港→迦納港

第十一章

公園城市　波特蘭

「交女朋友」、「結婚」看似人生正常的過程，

對船員來說卻不是那麼回事。

家裡的事完全照顧不到，平常也不容易聯繫，

婚姻不幸的故事很多，有誰會想嫁給船員？

德群輪在奧克蘭的港口Alameda碼頭停留兩天半後，繼續前往奧瑞岡州（Oregon）的波特蘭（Portland）。

從Alameda出舊金山灣，經過河道約需一個小時，途中風景之美、景觀之多，像是走一趟精緻的舊金山之旅。

船駛出Alameda，首先經過美國空軍基地，這時正有戰鬥機升空訓練，沿途的河道浮筒上也都躺滿海豹，悠哉地享受日光浴，過了一會兒，美麗的惡魔島和奧克蘭海灣大橋映入眼簾，站在駕駛台上，每個人都被美麗的風光緊緊吸引住。

隨著惡魔島的身影越見越小，如長虹般的金門大橋終於出現了。雖然我們見過面，但白天從它下面駛過，又是另外一番滋味，船開到金門大橋底下，駕駛台上的大副還特地戴起墨鏡來拍照，二副、三副、阿清和大管夫人也都爭先恐後地獵取最佳鏡頭，連美國的領港員都說這座橋實在非常壯麗。

拍完照，從駕駛台下來經過二檯時，小戴衝上來說：「輪機長要你幫他拍照。」我只好趕緊又帶著相機，打電話到控制室請他老人家上來拍照，以彌補他沒到過金門大橋的遺憾；誰知剛拍完輪機長，「蘆筍」連跑帶跳的又來了，接著在洗艙的小顏、小李、小東全都上來，船長雖然見多識廣，沒有出來搶鏡頭，但看他插著腰，微笑看我們拍照的模樣，猜想他如果願意脫掉船長威嚴的外衣，大概也會跟我們一塊入鏡吧！

從上船到現在，這是全船的人第一次爲美麗的風光陷入瘋狂，好不過癮！

德群輪頭也不回地向前行駛，回頭望一望金門大橋背後的舊金山，似乎正向我們揮手道別，船後數以百計的海鷗也像爲我們送行，此時一抹淡橙色的火輪慢慢沒入水中，這意味著美好的一天即將結束，微風輕拂，飄過耳際，似乎響起了「If you're going to San Francisco, be sure to wear some flowers in your hair. If you're going to San Francisco, you're gonna meet some gentle people there……」，這首歌在這時候唱，顯得格外有味道。

德群輪採取靠左岸航行，慢慢開進奧瑞岡州（Oregon）的哥倫比亞河（Columbia River），因爲右邊起了濃霧的關係，只能隱隱約約看到左岸的風景。

左岸滿山遍野佈滿美洲杉，那是在台灣三千公尺以上的高度才能看到的杉樹，一整片，沒有盡頭，不知有多少，如果天氣放晴的話，應該可以看到像是月曆上的北國景色……湛藍的湖水，高聳的杉木倒影，山頭點綴著皚皚白雪……德群輪駛過，水面泛起陣陣漣漪。

室外能見度甚低，約四度左右，非常冷。大夥邊打哆嗦邊加外衣，哥倫比亞河很長，從早上五點半領港上船直到下午六點才靠上碼頭。

不過，隔天又移到波特蘭412號碼頭（同樣位於哥倫比亞河），這裡才是德群輪裝貨之地。

一靠上岸，「蘆筍」像是發現新大陸似地拉我看碼頭邊的情景，岸邊有人穿著馬靴、戴著帽子、扛著散彈槍走來走去，像是執行什麼任務似的，態度謹慎而認眞，我們一問之下才知道，他是「糧食局」派來打老鼠的。

原來波特蘭的碼頭專門裝小麥，小麥多且輕，工人起、卸貨難免掉落地上，聰明的老鼠就跑到這裡找食物，所以這一帶的老鼠特別多。「道高一尺，魔高一丈」，不久我們就聽到「砰、砰、砰」的聲音，定神一看，果眞一隻老鼠死在槍下，用望遠鏡一瞧，竟有貓這麼大，眞是開了眼界。

波特蘭可稱爲「公園城市」，美國西岸的城市大多繁榮、熱鬧，但波特蘭生活步調卻相當悠閒，公園、廣場隨處可見，大街上到處看得到造型奇特的椅子，大部分的人就坐在椅子上，面對著大馬路，無視於車輛的多寡，坐著享受日光浴、聊天、看書。

椅子到處都是，走兩三步路就有兩三張椅子，椅子的設計千奇百怪，有的圍成馬蹄形、有的一整排、有的呈L型；旁邊有飲水機，每兩三百公尺就有一台，路人口渴隨時有水喝，累了隨時有椅子坐。

河邊的路則沿著隆起的河岸地形闢成階梯狀，景觀特殊，周圍則闢成彎曲的走道，小朋友騎著腳踏車，上坡下滑，到處玩耍。除此之外，郵筒、電話亭、自動販賣機處處

▲波特蘭浪漫的月光Party。

可見，非常方便。

我們過了百老匯橋，上了百老匯大道，很順利地找到百老匯Disco Bar，這是當地年輕人最常聚集的場所。在舞池裡我們遇到三、四個年輕貌美的女大學生，於是我們提議請她們到船上來，她們也願意，我高興地打電話回船告訴水手長，水手長很夠意思：「沒問題！我現在就到後甲板掛幾個燈出來，幫你們年輕人辦個舞會！」

回到碼頭，由於船上正在裝載小麥（這個航次將運到東南亞），小麥用眞空吸管抽上船，麥渣隨風到處飛揚，把後甲板鋪上一層麥屑，髒髒的，不能跳舞。

「沒關係！難得有漂亮女孩上船，我幫你們準備一些中國料理，叫她們留下來喔！」沒想到大廚也這麼夠意思，馬上到廚房張羅，大家邊吃邊聊，今晚眞是美麗的一夜！

但隔天我的狀況就不對了，喉嚨痛，小劉帶著醋意故意說：「會不會是昨天跟女孩親嘴時被傳染的？」值班時整個人精神恍惚，一到機艙就出狀況，鍋爐又出事了，「BI-BO、BI-BO」警報聲響個不停，把輪機長、大管、二管、三管全都喚下來，大家都很關切鍋爐的狀況，因爲鍋爐這一陣子老是出事，大管忍不住把二管罵了一頓（鍋爐由二管負責），罵完了，鍋爐也修好了。

狀況處理完後的第一件事，是把控制台的油污擦乾淨，由於感冒身體狀況不佳，這一擦，不小心按到控制台的「緊急」按鈕，當下全船警鈴大作，不一會兒，輪機長、電機師、大管、二管、三管又全都跑下來，我趕快解釋，他們火氣再度上升，輪流開罵。

生病的感覺眞的不好，頭痛、喉嚨痛、鼻塞一起來，雖然下班後努力讓自己多休息，最後還是忍不住叫二副（船上的二副兼船醫）打一張病單，原本二副要帶我去看病，但他另有發薪的工作要忙，只好我一個人去看病。

搭上計程車到了醫院，只見一排醫生排排坐，幾乎不需要等待，就被安排到一個老醫生的空位上報告病狀。他摸摸脖子，看看喉嚨，然後說：「你感冒了，吃這些藥，多休息、多喝水會比較快好。」說完後給我一張藥單。

我拿著藥單坐著等人叫名字，雖然每個病人看完病就走，但我仍乖乖地等，直到外頭的司機等得不耐煩才進來瞭解情況。

「爲什麼不走？」

「等藥呀！」

「藥不是在這裡拿，走，到Drugstore去。」原來在國外看病，處方是要到藥局拿的。Drugstore 非常大，像是超級市場，藥局在其中一個角落，司機帶我穿過種種賣日常用品的地方，這下我才恍然大悟，爲什麼船上的夥伴託我買花花公子雜誌，因爲這裡什麼都有。

當天晚上是除夕夜船上又加菜，船長邀了當地的朋友、代理商、船公司代表到船上聚餐，大廚做了十幾道菜，氣氛熱鬧非凡，大家都穿得非常正式。雖然是在國外，船上盡量弄得像在台灣過年的樣子，邊吃飯、邊敬酒，邊跳舞，這裡的除夕夜有台灣的味道也有美國的氣氛，不過一些實習生思鄉心切，酒喝著喝著竟然哭了，情緒是會傳染的，加上我有病在身，忍不住跟著鼻酸。

二月一日，從今天起我換値零到四點的班。四點下完班，算算時間該是台灣晚上八點，心想應該打個電話回台灣拜年，接電話的是爸爸，沒想到他卻要我寫信「追」妹妹的一個同學。從碼頭走回德群輪的路上，突然想到自己的前途問題。

「交女朋友」、「結婚」看似人生正常的過程，對船員來說卻不是那麼回事。以這艘船的這些人來說吧！雖然船公司跟船員定契約，一次出海一、兩年可以下船三到六個月，但散裝雜貨船航次不定，下一個地點要去那？沒個準則，時間也不一定，家裡的事完全照顧不到，平常也不容易聯繫，有誰會想嫁給船員？

船員婚姻不幸的故事很多，曾有人說：「如果在陸地上能找到好工作、好待遇，誰願意跑船，簡直像關水牢嘛！」也有人說：「跑船的待遇是一般上班族的三、四倍，跑十年船勝過在陸地上工作三十年，難道你不想縮短奮鬥歷程，早點享享清福？」

據說，船長一個月的薪水十二萬左右（民國七十三年的水準），是一般上班族的十倍多，也難怪有人願意作水牢而不願意下船，那麼我呢？我有一技之長嗎？

回到船上，跟大夥聊起這問題，他們打趣地說：「你不是有駕照嗎？那麼就去開計程車吧！」『蘆筍』嘛？就開理容院吧！」說完大家哈哈大笑，不願意再深究這艱深的話題。

於是我想：雖然那女孩的條件不錯，但我連退伍之後能做什麼都想不出來，總不能眞的開計程車吧！

我始終沒寫信！

第十二章

溫哥華島上風情

十七時，北緯四十六度、西經一百二十六度。

左舷，太陽即將下山，一抹淡淡的彩霞灑遍海平面。

右舷，一片綿延不絕的海岸山脈，山峰高聳直入雲霄，

在這一山一海交織所營造出壯觀、絢麗的景致下，

相較於大自然，突然覺得自己很渺小、船也很渺小。

德群輪開了三個小時來到距波特蘭三十九海哩①外的小碼頭Long view，隔天早上五點，將順著哥倫比亞河出海開往加拿大的溫哥華島，此行的目的是裝載最後一批貨到東南亞。

下午四點交班完畢後，德群輪正沿華盛頓州海岸航行，此時的位置在北緯四十六度、西經一百二十六度。

春天未到，這裡仍是晝短夜長的型態，五點不到，太陽即將下山，黃昏中，一抹淡淡的彩霞灑遍海平面，漸漸沒入海中。

走到右舷，「哇！」我心底發出驚呼，那是一片綿延不絕的海岸山脈，山峰高聳直入雲霄，山頂覆蓋著終年不化的皚皚白雪，山峰中，有黃昏的光影，黃黃亮亮的；有白雪的光澤，閃閃發光，我們享受著一山一海交織，所營造出壯觀絢麗的畫面，在這般美麗的景致下，相較於大自然，突然覺得自己很渺小、船也很渺小。

慢慢的，四周被黑暗吞沒。

早上起床時，德群輪已經停靠溫哥華島，昨晚的景致不復再見，取而代之的是活力充沛的島嶼風情。

「快呀！快來吃螃蟹！」小胤打電話進來吆喝。

▲抓這麼大的螃蟹最好記得戴皮手套。

其實在日本（放大洋前），就曾聽老船員說這裡的螃蟹味道鮮美，又大又肥且數量龐大。一到甲板，順手抓了小胤手中的螃蟹嘗一口，味道棒極了！

釣螃蟹的人不少，他們挑出小隻的螃蟹放生，港口的規定是：螃蟹超過十三公分（五英吋）見方者才能抓。正當我們好奇螃蟹該怎麼抓時，曾跑過漁船的水手長正以熟練的技術編織魚網。

水手長用細麻繩編織成六十公分見方的網，網的四個角吊著鉛錘，對角線用鐵絲綁成弧形，鐵絲網交接處則掛著魚頭當餌，魚網沈入海底，約三到五分鐘後，待螃蟹走進網內，立刻將網子拉起，此時螃蟹腳套入「網目」（大概三公分見方）難以逃脫，所以才能抓到這麼多的螃蟹。

由於抓到的螃蟹過多，水手長和大廚忙上忙下，他們把部分的螃蟹用鹽醃漬起來，放進冰凍庫裡，以便日後食用；其餘的做成「螃蟹大餐」，有清蒸的、煮湯的、紅燒的，大家吃得不亦樂乎！

「改天我還要做『搶蟹』給你們嘗一嘗！」大廚說，他以前在大陸老家經常做這道「江浙料理」，而船上吃過「搶蟹」的人都讚不絕口，看來我們又有口福了。

▲二管帶頭製作螃蟹乾（左一為二管、右一為小戴、右二為三管）。

就在大伙抓得興奮，吃得高興時，港區巡邏警察來了，旁邊還多了一位加拿大人。

他一上船就仔細端詳螃蟹大小，檢查牠們是否超過十三公分見方，果然每隻螃蟹大如手掌，不一會兒，港警無可奈何地離開，那位加拿大人也悻悻然地跟著走了。

原來是那個加拿大人告的狀，告狀的原因挺可笑！他跟我們同時抓螃蟹，一整個下午竟然只抓到一隻。原來他以捕鼠原理抓螃蟹，用一個類似大型捕鼠器的東西，裡面放一個魚頭當餌，當螃蟹爬進去吃餌，門就自動關起來。這也難怪他抓不到，一來螃蟹很難找到門鑽進去，再者，門一關，其他螃蟹也進不了，當然抓不了幾隻。他卻自以爲是地推斷我們不可能抓那麼多，才向警察檢舉我們濫捕。

說到這裡，我們不得不佩服水手長編織魚網的手藝技高一籌。

趁放大洋前最後一晚，我和小劉、小東、小顏、「蘆筍」到Disco Bar狂歡。

「你們滿十八歲了嗎？」沒想到這裡這麼嚴格。

我秀出shore pass（港區通行證），馬上過關，但小顏和小劉沒帶證件，我馬上過去說：「我是他們的長官，保證他們滿十八歲了，你看，都已經這麼老了！」這招果然見效。

酒吧的人不少，「蘆筍」坐在小東斜前方，椅子往後退就靠到小東身上，沒想到這麼個小動作居然引來旁人側目。一對母女觀察他們好久，終於忍不住開口問：「你們是同性戀嗎？」

「什麼？同性戀？當然不是。」「蘆筍」馬上遠離小東，還嘀咕她們怎麼這麼囉唆。

「那麼你們爲什麼坐得這麼近？」

「我們是兄弟呀！」「蘆筍」故意逗她們。

「兄弟？怎麼一點也不像？」

「我們不同父母生的呀！」

把那對母女唬得一愣一愣的。

酒吧中間有個小舞池，正是「脫衣舞秀」的表演台。「秀」尚未開始，漂亮的加拿大女郎親切熱情地穿梭在客人間，談笑風生，輪到她們時才從台下躍到台上，展開她們「專業」的表演。

這裡的脫衣舞秀非常高級，她們的身材一流、舞姿優美，所跳的都是經過設計的舞步，個個舞蹈基礎深厚，感覺非常棒！儘管她們全身脫光，但一點都不低俗，台上台下融爲一體，全場觀眾尖叫聲不斷，完全陷入瘋狂。

表演結束，「蘆筍」直呼下次還要再來。

今晚大家都喝點酒、跳些舞，又欣賞一場高檔的脫衣舞秀，心情High得很！依依不捨地離開酒吧，這時屋外氣溫持續下降，外面叫不到計程車，正傷腦筋時，我靈機一動，我們不都上過成功嶺嗎？何不跑步回船？

「一、二、三、四，雄壯、威武、嚴肅、剛直……」邊跑邊答數。

沿途，我們嘹亮的聲音劃破深夜的寧靜，引起一些夜貓子注意，大概跑了三公里左右，跑到港邊，碼頭的巡夜人還猛盯著我們瞧，臉上的表情寫著不可思議。

我們居然不累，整個身體溫暖起來，大家都覺得非常過癮！

備註：

①船上航行的距離，無論在內河或海上，皆以海浬計算，一海浬爲一點八公里。

第十三章

北國雪景

甲板上結了厚厚的冰，繩網變成像藝術品的冰雕，

吊桿滑輪被冰封住了，兩舷也都垂著琉璃般的冰柱，

隨著陽光的反射呈現出七彩幻影……

▲北太平洋的第一道曙光。

完成最後一站溫哥華島載運紙漿①的任務後，當晚七點，德群輪離開加拿大，下一站是東南亞的香港、泰國和孟加拉。

目前的位置在西經一百三十三度，北緯五十度五十分（比台灣緯度高出二十多度），緯度越高，天氣越惡劣。雖然我們可以選擇低緯度風平浪靜的放大洋方式，但是爲了縮短航行天數，船長還是決定走「大圈航法」，這意味著德群輪將接受更高難度的挑戰。

船往北行駛，德群輪開始Rolling（左右搖晃）了，海上風浪達十級，一下子Rolling，一下子Pitching（前後俯仰），Pitching的感覺是上一次放大洋所沒有的經驗，若說左右搖擺的Rolling是平面的，那麼前後浮仰的Pitching就是立體的，動起來船像脫離海面似的，令人提心吊膽，船時而Rolling，時而Pitching，放大洋的惡夢正要開始。

巨浪捲來，寒風怒吼，德群輪隨著巨浪把我們衝到浪峰的最頂端，不一會兒，又像溜滑梯般地「咻—」滑到最谷底，這一高一低起伏震盪，把我們個個嚇得臉色慘白。

「大家鎮定，不用害怕。」機艙擴音器裡傳來輪機長安慰實習生的聲音，他說：目前的狀況是Rolling和Pitching一塊進行，Rolling的搖擺習性大家已經熟悉，應該很快適應，現在只要慢慢調適Pitching就可以了。但是周圍的人，連老船員都被晃得面無血色。

海像個沸騰的大鍋，不停地翻攪，過了幾個小時，風浪有減小的趨勢。輪機長認爲外面的風浪還是很大，只是我們漸漸適應船的Rolling和Pitching而已，以他的經驗，這種情況大概還要持續一個禮拜才會風平浪靜。

氣溫持續下降，我到機艙抄表時，順道走出室外，外面已經飄雪了。

機艙的溫度高達三、四十度，室外卻接近零度，一剎那間，經歷四十度的落差，像是洗了個「三溫暖」似的。

早上四點，值完班後，披上大衣走到甲板上，雪花片片，細細柔柔地飄下來，落到甲板上就融化了。

「雪？」眞是令人興奮，長這麼大第一次親眼見到雪，它正從天空飄落下來，一碰到我溫暖的雙手就融化了。

「這樣的雪景會持續多久？」我走到駕駛台，問當班的「黨外」大副。

「雪景」在他遨遊五湖四海的閱歷裡，根本不算什麼。他說：「船正往北開，這一兩天將經過阿拉斯加的阿留申群島和白令海，到時候你會看到從來沒見過的『北國景色』。」大副說話的模樣帶點神秘，好像那是一幅了不得的場景，他得先賣個關子，屆時才有揭開謎底的驚喜。

一邊欣賞雪景，一邊和大副聊天，他聊黨外政治，我看變化多端的雪景，我不反對他的言論，他也不妨礙我欣賞雪景的雅興，我們興趣盎然地在同個時空中，切磋著兩個不同的主題。

四點多一點，天還沒亮，外面一片灰黑，從駕駛台瞭望周圍景觀，黑暗中的白雪有著令人意想不到的溫柔。

早餐中，水手長肯定地說：「明天甲板一定積雪，你看著好了。」

隔天，溫度突然驟降至零下十二度，大雪不再詩情畫意地紛飛，卻像下雨般肆無忌憚地灑下，我們在下面機艙工作還好，甲板部可就慘了，尤其「蘆筍」和小東被派工到船艄（駕駛台上方）的無線電桿上噴油漆。

風大，船搖晃得厲害，他們噴的油漆一半以上都被風吹走，這還不打緊，要命的是，室外「凍」人的氣溫，讓他們差一點支撐不住。

「蘆筍」和小東輪流上去噴漆，上去噴漆的人要戴三層手套，最裡層是棉質的，中間是塑膠手套，最外層是皮製手套。噴完漆下來，脫下手套，先將雙手浸在溫水裡，他們的手指像是被人用鉗子狠狠鉗過一般，指端全是紫黑色，讓人不敢再看第二眼。

泡完溫水再把雙手放進熱水裡，讓手慢慢恢復原有溫度，兩人就這樣輪流接班。

無線電桿下正是大管的辦公室，大管夫人看到他們冒著風雪勤奮工作，不可思議地問「蘆筍」：「這麼冷怎麼派你們上工呢？是不是平常比較偷懶，長官趁機處罰你們？」「蘆筍」理直氣壯地說：「沒有哇！我們平常很努力呀！」這時她動了惻隱之心，泡一杯熱咖啡給他喝，並直接跟大管報告，經由大管跟甲板部主管反映之後，他們的工作才暫告一段落。

平常我們輪機部在高達四十幾度的機艙工作已經叫苦連天，今天看到甲板部的情形，不禁感觸良多：其實船員們高薪的背後，有著許多不為人知的辛酸。

大雪下了兩天，雪勢趨於和緩，我抄表時跟駕駛台的值班人員以電話核對數據時發現：甲板、瞭望甲板都結了厚厚的一層冰，艙蓋的繩網上也結成一片像藝術品的冰雕，吊桿滑輪被冰封住，兩舷的station②都垂著琉璃般的冰柱，那冰柱有四、五十公分長，隨著陽光反射呈現七彩幻影，就連駕駛台上的玻璃也結冰，玻璃內側也結了一層霜，我用手指一摳，劃出一道道清晰的線條。

「蘆筍」和小東提議在雪景裡拍照，說完，各自回房穿雪衣。大家穿得厚厚的，圍巾圍住脖子，口罩蓋住鼻子和嘴巴，耳罩罩住耳朵，如果不這樣穿著，怎能忍受寒風刺骨的天氣呢？裝備OK！我們輪流在「冰天雪地」留下「歷經風霜」的感人畫面，可以肯定的是，照片一洗出來，一定誰也不認識誰。

▲這是航行在冬季的北太平洋標準穿著配備。

過了兩天，雪不下了，氣溫升高至零下五度，輪機長忍不住提醒我們：「這幾天的景色變化多端，一下是冰呀！一下是雪呀！一下是霜呀！每天都不一樣，可以好好欣賞欣賞。」

果然，夜裡，風平浪靜，月光皎潔，萬里無雲，我們看到了「又圓又大」的月亮。

由於沒有光害，加上緯度高，與月球距離近，連月球表面的火山口都看得一清二楚，月色灑下來，照在每個人臉上，感覺很幸福！雖然室外氣溫很低，天候還是很冷，連吸進的空氣都「沁涼」不已，大副說：「現在的位置接近阿留申群島。」話才說完沒多久，我們遠遠的就看到島嶼，其中兩個島像是女人的乳房，島上高處還有觀測站，像是乳頭，一些老船員不是第一次來，早已期待多時，紛紛伸出雙手，作勢擁抱，頓時船上添了不少笑料。

「快起來呀！趕快上駕駛台，右舷有兩個好大的冰山，快來看！」沒睡幾個小時，又被「蘆筍」的電話吵醒。

不由分說，拿起相機，衝呀！直衝駕駛台。

此時東方泛起魚肚白，太陽露出第一道曙光，我見機不可失，立刻按下快門，天剛亮，海水被太陽光一照，似乎沸騰起來，場面壯觀。「蘆筍」所說的冰山在太陽底下看得並不清楚，後來才發現，

▲背後遠方的小島是積雪的阿留申群島。

那是島上的兩座山，山頂覆蓋著終年不化的積雪，或許也有人稱為冰山。不過，一般所說的冰山，指的是海水結成如山一般的冰塊，漂浮於海面上。

輪機長說得沒錯，一個禮拜後果然風平浪靜，大副卻說我們運氣好，北太平洋的天候很少這麼好。

二月十三日晚上九點，德群輪又再次經過國際換日線，很快的直接跳過二月十四日，變為二月十五日，我們終於又回到東半球，時鐘今天再撥慢一小時，從放大洋到現在，我們已經撥慢四次了。

這幾天天氣冷，船上沒有「派工」，大家只要把自己負責的區域清潔乾淨即可。目前的地理位置在東經一百四十七度、北緯四十三度四十七分，這時我們遇到大風雪，右舷風雪交加，距左舷五十公尺處卻遇到整群海豚，隨著我們的船到處漫遊，真是蔚為奇景！但是駕駛台的人卻無動於衷，因為他們實在看過太多世界奇觀。

備註：

① 一般人聽到紙漿總認為是液體的，事實上在溫哥華島所載的紙漿是纖維很粗的硬紙板，約六十公分見方，呈白色固體狀。

② station通常用來固定甲板的貨物。

第十四章

陷入冰陣

突然間，無堅不催的浮冰把德群輪團團圍住。

衝！以雷霆萬鈞之勢向前衝，船體開始劇烈震動，

光聽聲音，既像冰山崩裂，又像打雷，令人毛骨悚然，

很多人穿著救生衣，深怕船有下沈的危險。

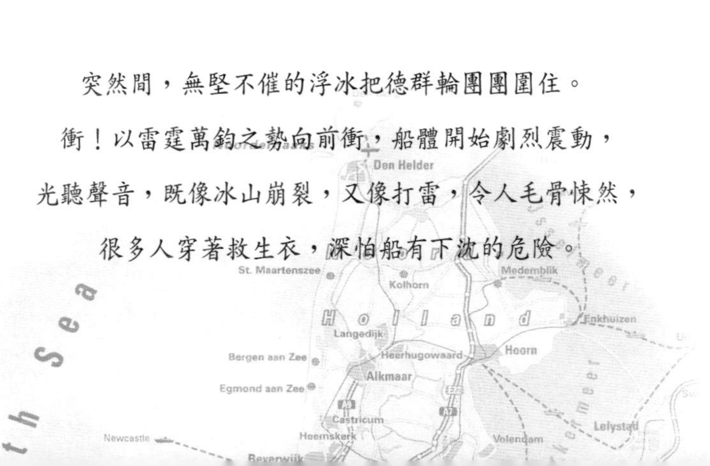

德群輪快接近北海道時，我用望遠鏡瞭望不遠處一個小島，和船副一同查看海圖時確定那是色丹島（俗稱日本北方四島中的一島），在日俄戰爭時被蘇俄佔領，島上白茫茫一片，此時海面到處佈滿浮冰，綿延橫亙好幾十海浬，德群輪突然間陷入冰陣中。

才一會兒功夫，無堅不催的浮冰團把德群輪團團圍住。

船上的人全都驚慌地集中在一起。船底部重重地發出「喀拉、喀拉」和冰陣摩擦的聲音，德群輪在冰陣中鑽來鑽去就是鑽不出去。

這時船長親自走上駕駛台，查看海圖，再用望遠鏡仔細勘察地形，他正研究冰紋，準備挑薄冰層衝出去。

▼行船人的夢魘---綿延不絕的浮冰群。

這時全船總動員，甲板部都到甲板上瞭望stand by，船長及三副坐鎮駕駛台，大副到船艏，二副在船艉，水手長及木匠分別協助大、二副，大夥拿起無線電聯絡相關事宜，用手勢和無線電指揮船的行駛方向，輪機部亦全體各就各位，準備隨時提供駕駛台所需的動力，大家摒息以待，靜候船長發號施令。

「機艙減速為一百RPM轉速。」

「右滿舵。」（使舵急轉至最右邊）

▲穿上冰刀可以溜冰的甲板。

「正舵。」（船才開始偏右，又得向左轉）

「左滿舵。」（使舵急轉至最左邊，目的是要船呈蛇行前進，擴大船向前衝的範圍）

「衝冰。」德群輪以雷霆萬鈞之勢向前衝。

很多人穿著救生衣，深怕有個萬一，因為德群輪沒有「破冰」設備，萬一撞上大冰塊，船有下沈的危險。輪機長說：「衝！一定要衝！絕不能讓德群輪有停下來的機會，因爲以目前的態勢，如果晚上以前不能脫離冰陣，一定會被困住。」

四周響起「啪啪啪、啪啪、啪」的撞擊聲，一塊塊的冰被撞成四分五裂，船底則發出「嘰哩喀啦、嘰哩喀啦」的聲音，像在鋸冰塊，由於撞擊力太大，船體也跟著震動，光聽聲音，既像冰山崩裂，又像打雷，令人毛骨悚然。

眼前的船長依然指揮若定，水手長則沈穩無比，輪機長則頻頻安慰我們，將生命交給這三個人，應該沒問題才對。

德群輪與冰陣周旋好一陣子，才勉強開出一條路，被擠出的冰沿著左右兩舷分開後，到船艉又合起來，可見冰的韌性有多強。

出了冰陣，右舷的冰全呈帶狀，寬的地方有三、五公里，窄的地方有幾百公尺，觸目所及都是冰帶，綿延至水平線。

「量量壓艙水有沒有增加？」船長的用意是：如果壓艙水位沒增加，表示船體沒有破。結果壓艙水真的沒增加，船長聽了很欣慰，默默地回到辦公室，並指示採「避讓航行法」前進，至此，我們才大大地鬆了一口氣。

我們不得不佩服船長的智慧，聽說他以前經常跑加拿大北極圈邊緣的港口，這種狀況對他來說不算什麼，不過，能帶領我們脫離困境，至少證明他是位優秀的船長。

輪機長有感而發地談起以前的故事。他說：民國五十年，大約二十三年前，他所搭的船在加拿大魁北克被冰困住兩天，船艏左舷撞破六公尺，壓艙水立刻增加，最後雖然有驚無險地衝出冰陣，卻花了二十幾天的時間修船。

不過他的航海經驗裡最「恐怖」的是：隔年在美國東岸巴爾地摩外海所遇到的颶風，颶風之強烈，讓船根本無法前進，船在海面上唯一能做的就是「躲」，但海水顛來覆去，好幾次幾乎翻船，有幾度差點沈沒，風大浪高，最後船長不得不發出每個人的護照，並語重心長地說：「如果誰能躲過颶風，希望能平安回家；如果不幸死在船上，就當做求仁得仁吧！」每個人難過的將護照套在塑膠袋裡繫在腰間，繼續與大風大浪做生死搏鬥，歷經三十小時的奮鬥後，風勢趨於緩和，大家才逃過一劫，那一次，是第一次與死神交手，印象格外深刻。

聽完輪機長的故事，我覺得他的生命裡比別人多了一份堅強和剛毅，對他也更加地尊敬。

84 2 13

第十五章

接近台灣

廣播器裡傳來一首日文歌曲「津輕海峽冬景色」，

悠揚的樂聲，飄進每個人的心坎裡，

身在白雪紛飛的津輕海峽中，

心裡有著一份說不出的靜謐。

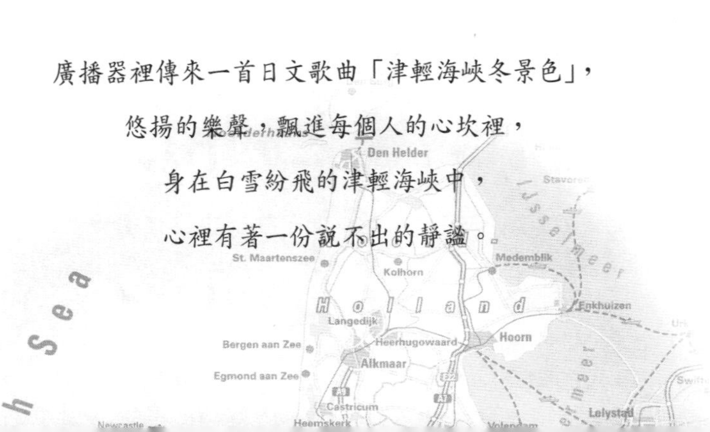

德群輪繼續南下駛進北海道範圍，不時有船隻與我們擦身而過，跟以前放大洋的經驗完全不同。以前在大洋中難得看到一艘船，而現在，來自世界各地的船隻都經過這裡，這裡像極了一道走廊，每艘船來自不同的航線，交會於此，又各自奔向不同的目的地。

氣溫持續降低，連平常不結冰的第三、四、五艙都結冰了（平常浪都打在第一、二艙，如果連第三、四、五艙都結冰，表示浪很大、水很冷），小冰柱奇形怪狀，加上薄雪紛飛，頗爲詩情畫意。

這時海上飄著薄薄的霧，慢慢朝船身聚攏過來，不一會兒就煙霧瀰漫，必須減速慢行並發出霧號（Fog Horn汽笛聲，看不到對方船隻時，靠拉霧號判斷來船的方向），才得以繼續航行。

德群輪經過津輕海峽時，本州和北海道兩岸風光依稀可見，層層山峰佈滿皚皚白雪。雪花片片，薄霧迷濛，讓人想起一首日文歌曲「津輕海峽冬景色」的意境：「上野開的夜班火車一路開來，就看到青森車站矗立在深雪之中，夜歸的人們沈默無言，此時此刻只聽到海濤洶湧的聲音，我也孤單地上了渡輪，望著快被凍僵的海鷗，難過得想流淚，啊！津輕海峽冬景色……」

歌詞裡描述的情景正是目前船上的狀況，而我攜帶的錄音帶裡剛好有這首歌，於是興致一起，到房間拿出錄音帶，透過廣播放給全船的人聽，悠揚的音樂，飄進每個人的心坎裡，身在白雪紛飛的津輕海峽，聽著「津輕海峽冬景色」，心裡有著說不出的靜謐。

一切風平浪靜，船的搖晃不到一度，大家睡得安穩，心情很好。甲板上的冰也慢慢融化，偶而還可以看到日本、韓國島嶼的身影。

越過日本海，穿越對馬海峽進入東海，離台灣越來越近，晚上船鐘再度撥慢一個小時，終於和台灣步調一致，「這是中原標準時間……」聽到這聲音覺得好親切呀！

離香港還有三天。

二月二十五日中午十二點，船的位置在舟山群島附近，原本可以看到台灣的電視節目，但是天候不好、收訊不佳，不過當天卻可清晰聽到漁業電台、天藍電台播放鄧麗君的「何日君再來」、鳳飛飛的「相思爬上心頭」，還有陶大偉、孫越的「小人物狂想曲」，這些都是台灣目前正紅的流行歌曲和知名人物，離鄉背井近三個月，聽到故鄉的歌聲，心中的感覺難以形容。

晚上七點半，水手長閒來沒事亂轉電視，電視裡傳來模模糊糊李濤和李豔秋的影像，隨著船越靠近台灣，他們的聲音和影像也越來越清晰，忘了是什麼節目，不過雙李之後的「五路福星」，畫面卻十分清楚，十點以後，船離台灣越來越遠，影像和聲音也逐漸模糊。

德群輪繼續沿著大陸東南沿海航行，海平面另一端的天際，隱隱約約映著亮光，「香港到了！」船上傳來驚呼，不久，香港最高的太平山印入眼簾，繞過小岬角，轉出高聳的大峭壁，哇！香港夜景躍然眼前，心情豁然開朗，「久旱逢甘霖」的滋味實在難以言喻。

這次長達二十一天的放大洋，雖然比第一次多了三天，因爲沿途景色多變，感覺上快多了。

晚上九點，德群輪下錨於維多利亞港中，通過檢疫、海關之後，時間已晚，該睡覺了。可是美景當前誰睡得著？船的左舷是九龍半島，右舷是香港島，中環、銅鑼灣觸目可及，周圍被五顏六色的燈光包

▼香港島黃昏景色。

▲由太平山遠眺香港、九龍及維多利亞海峽夜景。

圍，大家幾乎徹夜不眠，坐在甲板上喝啤酒聊天，有人烹調溫哥華島的螃蟹當下酒菜，就著香港的夜色，我們過起難得的夜生活。

隔天，大家打算好好暢遊香江。

船上的人每到一個地方就兵分兩路：一路人馬叫觀光團，另一路人馬叫採購團。不過到了香港，所有的觀光團都併到採購團，香港是購物者的天堂，來這裡不大肆採購就太對不起這個城市了。

我的第一件事就是到中環，幫妹妹完成買絲質棉襖給奶奶的心願；第二件事就是爲自己買件義大利製的皮衣，再撥個電話回家。

一到電信局，大排長龍，不少是船上的伙伴，爲了節省時間，工作人員一邊維持秩序一邊嚷著：「only station to station ,3minutes.」（只能用叫號的，限時三分鐘）當時國語在香港並不普遍，說國語會被認爲是大陸人，而廣東話我們又不會講，所以必須用英文來溝通，眞是出乎意料。

大副很上道，每天派四、五班交通船（德群輪採下錨卸貨、未靠岸），按不同當班時間接運每個班的船員遊香港。不過，香港工人的認眞態度和日本工人一樣，原本預計卸貨需要四天時間，硬是提早一天完工，幫我們省了不少採購費。

七十三年二月二十九日，公佈欄上的日曆提醒我們，每四年一次的潤月今天被我們碰上了。伙委很夠意思，選在今天這麼特殊的日子，發給每人一百多美金的退伙費。

船上固定每個人有定額的伙食費，大廚開菜單，伙委負責採買食物，大廚在營養均衡、美味可口的考量下，把錢省下來，每兩個月結算一次，剩下的錢平均退給每一個人。同時輪機長也選在這天發給大家工作獎金，我拿了五十元美金，前後加起來將近兩百美金，這筆錢不但足夠讓我還清採購所欠下的債，屆時到泰國還可以風騷一番。

前往泰國的航程中，機艙人員開始進行冷氣的維修保養，因爲航行越到南方氣溫越高，聽說到孟加拉，機艙的溫度將高達四十五度。此時雖是夜間，每個人都汗流浹背，不禁令人懷念起細雪紛飛的涼爽日子。

除非親身當過船員，否則無法理解爲什麼他們的身體這麼好。

半個月前，我們生活在零下十幾度的北太平洋，外面一片冰天雪地。現在氣溫接近三十度，機艙更在四十度上下，短短十天，人的身體要適應四、五十度的溫差，如果沒有強健的體魄，早就不支倒地。

酷似暑假的日子非常難熬，一大早起床時，牆壁上的溫度計指著攝氏三十一度，接近中午時，大部分的人捨棄溫熱的午飯不吃而改喝兩瓶冰啤酒，船上的啤酒這幾天銷路特別好，終於，在大家快受不了的時候，聽到當班的「加油」說：「冷氣開了！」眞令人雀躍！

三月份，我的值班時間改爲四到八的班。值四點到八點班的人要附帶做一項「吹灰」的工作，吹灰主要是考量省油，用意在提高鍋爐的使用效率。

鍋爐的重要性不可言喻：一是產生蒸氣做煮飯、燒水之用；二是加溫油櫃，提高燃燒效率。尤其C油（重油，非常黏稠）在冬天幾乎凝固，鍋爐燃燒時，灰渣、碳渣、灰粉、碳粉卡在燃燒器及鍋爐內側，所以必須用高壓蒸氣閥吹入蒸氣，讓碳渣等物從煙囪排出。

至於爲什麼「吹灰」要選在四到八點進行呢？說穿了，這是面子問題，因爲要在早上四點太陽還沒升上來之前，和晚上八點前太陽下山以後排黑煙，以免破壞船在海上航行的形象。

吹灰雖然只花二十分鐘，但機艙的溫度卻高達四十五度，鍋爐頂部更是近六十度，周圍溫度可用「燙」來形容，進行吹灰工作的人都用一條毛巾加冰水將額頭包起來，吹灰工作一做完，像打了三場日本劍道的流汗量。

▲德群輪在南中國海上的航跡。

第十六章

泰國，男人的天堂

七、八個海關人員人手一袋「紀念品」準備離開，

我趁機和一位海關聊天，想瞧瞧他袋子裡的「紀念品」，

他掀開一一介紹，有香皂、香菸、酒、毛巾、工作手套、

釣魚的捲線器、洋娃娃等，

他還得意地說：「洋娃娃要送女兒。」

好像這裡是免稅商店，他們上來買紀念品似的。

三月六日，終於來到期待的泰國。

凌晨三點，德群輪抵達暹羅灣的Coshichang下錨，等待一早移船進曼谷。

海關人員陸續上來，泰國海關的惡劣行徑，我們早有所聞，但沒想到實際狀況比想像中還糟，他們明目張膽要東西，而且擺明了「不給買路財，大家走著瞧！」令人非常反感。

話說，小吳房間有收錄音機和隨身聽兩樣電器用品，但隨身聽忘了報關，海關人員抓住這個把柄，便開始劫「火」搶「潔」，要打火機、洗潔精……小吳個性硬，不依他們，於是他的房間被翻得亂七八糟，抽屜、桌子全都掀翻，差點就要掀天花板，我的房間就在小吳隔壁，聽到小吳跟海關人員吵的不可開交，只好進去打圓場，最後以一瓶VO5洗髮精和半打啤酒成交。

他們拿到東西後毫不避諱地當場分贓，一個人拿VO5，另一個人拿啤酒，邊分還邊討論，唯恐分贓不均。

輪到我時，由於彼此打過照面，他們猜我應該很上道，於是連檢查都不檢查，大大方方地提著兩個袋子進來，直接挑明要什麼東西。

我的個性也很硬，不過硬得比小吳有道理，因爲房裡每樣東西都報關，不怕落人把柄。要香水，不行；要啤酒，沒有；他們還指定要LUX的香皂，由於堅持「不給」，猜想他們也不敢怎樣。

沒想到這兩位老兄硬是耍賴，「不給是嗎？我們就不走！」天呀！沒辦法，只好投降。拿出兩塊LUX香皀往他們的袋子各丟一個，連分都替他們分好了，「可以走了吧！」他們要的東西到手後，連檢查也省了，興高采烈地提著搜刮來的「戰利品」離開。

船舷邊大概有七、八個海關人員準備搭小艇離開，每個人手上一袋「紀念品」，還互相比較誰有什麼、誰沒什麼，臨走前還扛走一箱紅牌的約翰走路，後來才知道是船上送他們的。

我趁機和一位海關聊天，想瞧瞧他袋子裡的紀念品，他得意地掀開一一介紹，有香皀、香菸、酒、毛巾、工作手套、釣魚的捲線器、洋娃娃等，他還得意地說：「洋娃娃要送女兒。」好像這裡是免稅商店，他們上來買紀念品似的。

海關一走，滿載客人的船隻一一靠過來，船上除了開船的司機以外，全坐滿女乘客，老船員跟大家說：「別讓他們上來！」

原來是賣春船，去年此時賣春女上船來，連偷帶騙，讓本船損失慘重，據說船長就丟了六千美金（後來每個月從薪水裡扣五百元，扣一年才還清），因此堅持不再上當。

她們不知道我們的決定，仍不時搔首弄姿、賣弄風情，後來見船上沒有動靜，才無奈地離開。

由於曼谷碼頭的水位較淺，工人得在這裡先卸部分的貨，這下可熱鬧了，卸貨工人連同妻小全都帶上船。丈夫忙著工作，妻子則搬些磚塊到甲板做個簡易廚房，張羅三餐。船艉也搭起洗手間，上大號時，屁股朝外，大便應聲入海，十分俐落。

「哇！有女人。」船員們竊竊私語。

傍晚時分，她們就直接在船艉洗澡，完全不避諱，這對我們是不可思議的事，大家奔相走告，找個好位置，想仔細瞧瞧。

她們圍著一片長及膝蓋的沙龍，先用肥皂擦滿全身，擦到胸部時，立刻將沙龍撐開，手伸進去擦，從頭擦到腳，然後舀水，一勺一勺沖洗，沖到胸部時，我們再度睜大眼，嘿嘿！還是把沙龍撐開，把水倒進去，再用毛巾一一擦乾。最後要穿衣服了，她們從內褲開始穿，再穿長褲，把沙龍撐開，穿上內衣，再把沙龍脫掉，換上外衣，結果，從頭到尾，什麼也沒看到。

唉！

船移至曼谷的湄南河，海關又上來了。

「不是檢查過了嗎？」

「不同單位、不同單位。」

咦！很客氣哩！也很有禮貌，而且不伸手跟人要東西。這麼正常的舉止反而讓人感到不可思議，我還是拿了些東西給他們，心甘情願地拿，和前天被逼的感覺截然不同。

隔天，二樓的交誼廳裡坐了不少女人，穿著不俗。

「喜歡的話就帶一個回房間。」水手長語帶曖昧地對我們說。

「什麼意思？」

「一天的臨時老婆啦！」

哦！這是曼谷港口的特色。

爲了「入境隨俗」，我也挑了個「臨時老婆」。她是華僑，會說點中

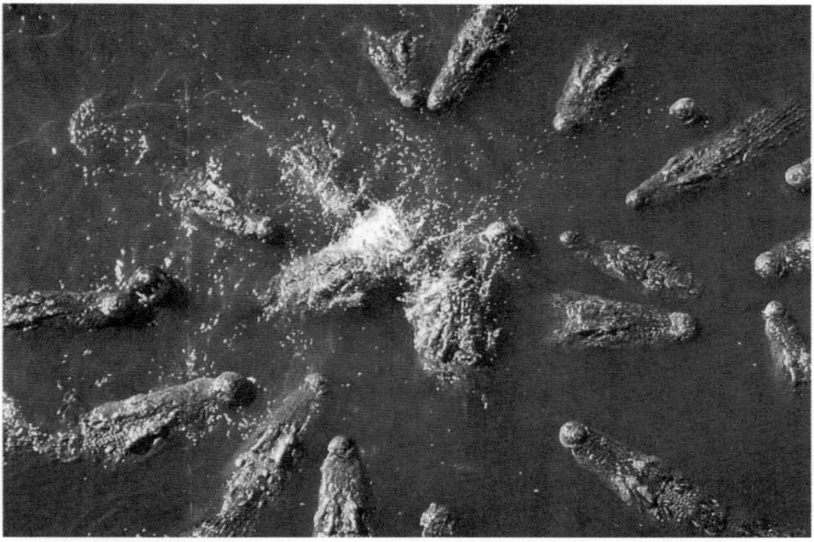

▲鱷魚是泰國重要的外匯來源。

文。

一進門，她先將自己的衣服換下，跟我要了一套衣服穿在身上，這副打扮當然很不稱頭。這是規矩，她是來服侍你的，不需要穿的體面。男人的袖子過長，挽起來，衣服過寬，工作方便，臨時老婆一進房間只一股腦地拼命工作。

「有沒有麵粉？」

「要麵粉做什麼？」

「洗床單。」

只見她把床單、被褥、枕頭套全部換下，打算用麵粉「漿」洗，可是廚房沒找到麵粉，「米也可以。」她說，然後逕自到廚房把米煮成漿，把要洗的衣物、床單以洗衣機洗淨後全用米水漿過，扭乾後晾在甲板上。

她的力道不小、動作俐落，像是受過專業訓練。

從甲板回來之後，馬上又跪著擦地板，一塊塊認眞地擦，還把房間的垃圾清理乾淨，窗戶、桌子、椅子，凡是看得到的地方絕不錯過，她的身體像是上了發條般，正常地運作著，不休息、不喊累，整個房間在她的努力之下，立刻煥然一新。

清潔工作結束後，幹練的臨時老婆立刻變得溫柔起來，如果你還有其他需要，她也可以配合，任你使喚，沒有脾氣。

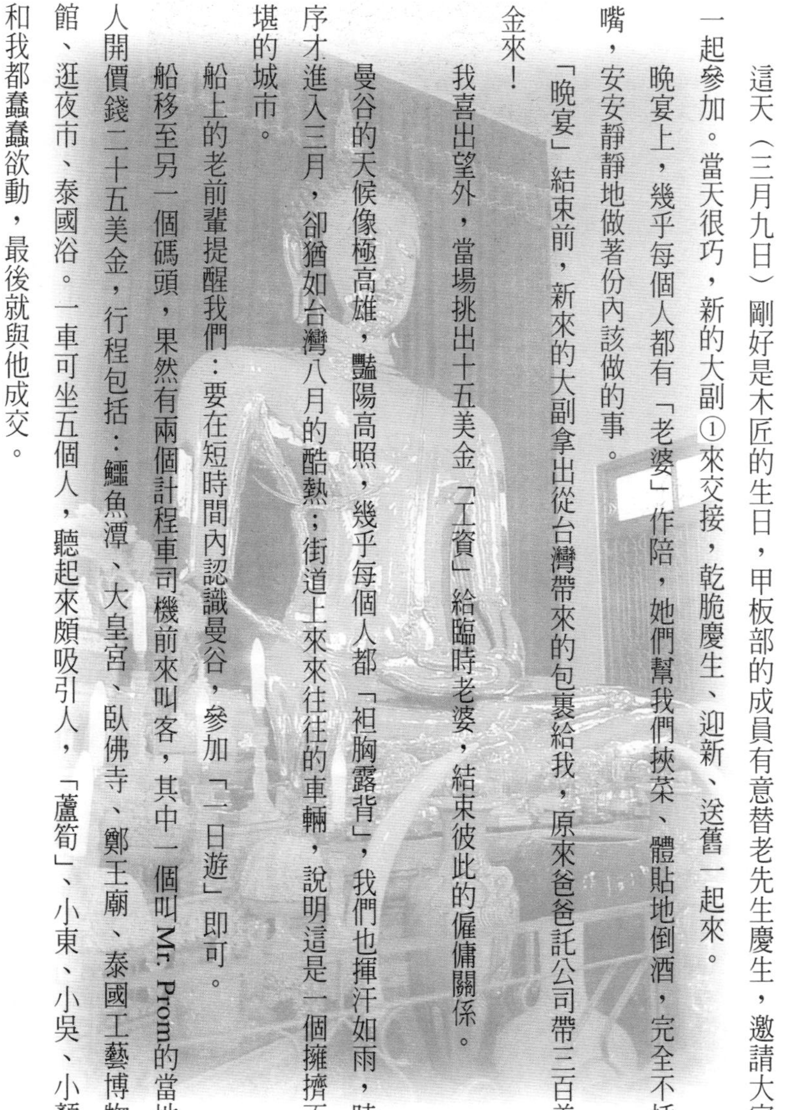

這天（三月九日）剛好是木匠的生日，甲板部的成員有意替老先生慶生，邀請大家一起參加。當天很巧，新的大副①來交接，乾脆慶生、迎新、送舊一起來。

晚宴上，幾乎每個人都有「老婆」作陪，她們幫我們挾菜、體貼地倒酒，完全不插嘴，安安靜靜地做著份內該做的事。

「晚宴」結束前，新來的大副拿出從台灣帶來的包裹給我，原來爸爸託公司帶三百美金來！

我喜出望外，當場挑出十五美金「工資」給臨時老婆，結束彼此的僱傭關係。

曼谷的天候像極高雄，豔陽高照，幾乎每個人都「袒胸露背」，我們也揮汗如雨，時序才進入三月，卻猶如台灣八月的酷熱；街道上來來往往的車輛，說明這是一個擁擠不堪的城市。

船上的老前輩提醒我們：要在短時間內認識曼谷，參加「一日遊」即可。

船移至另一個碼頭，果然有兩個計程車司機前來叫客，其中一個叫Mr. Prom的當地人開價錢二十五美金，行程包括：鱷魚潭、大皇宮、臥佛寺、鄭王廟、泰國工藝博物館、逛夜市、泰國浴。一車可坐五個人，聽起來頗吸引人，「蘆筍」、小東、小吳、小顏和我都蠢蠢欲動，最後就與他成交。

行程最精彩的部分要屬「泰國浴」。

「我們要的是曼谷最大、最棒的喲！」

「你放心，一定讓你們滿意。」

Mr. Prom的車不知在曼谷街道繞了多久，最後在一家類似台灣五星級豪華飯店的門口停車，然後很得意地說：「就在這裡。」

兩位穿西裝打領帶的侍者立刻動作迅速地打開左右車門，其中一位還幫Mr. Prom泊車，看得出這裡的氣派和專業。

一進大門，大廳左右兩邊各有一大片落地櫥窗，櫥窗裡展示的不是服裝、紀念品，而是年輕漂亮的小姐們。左邊的小姐皮膚較白，看得出來是來自泰北的華裔女子，由於她們是兼差性質故穿著便服，人數約有八十人；右邊的小姐皮膚黝黑，應是泰國當地女子，她們是全職人員故穿著制服，大約有一百多人。

▲泰國的傳統舞蹈。

她們排排坐在一層一層的階梯上，每個人的衣服上都標有號碼「任君挑選」，只要告訴服務人員你想要的號碼即可。這裡的服務分半套和全套兩種，半套收費約合台幣六百元，包含浴資及按摩，而全套的價錢約台幣一千元左右，至於服務嘛！除了前半段與半套相同之外，後半段則是「特別服務」。不過老船員曾提醒我們，可以先做半套，一切等進去之後再說。

在Mr. Prom的介紹下，隔天，我來到曼谷郊區很有名的PUB，沒想到一進去，都是船上的熟面孔，每個人身邊都有女伴，他們見狀，不約而同地吆喝：「『把』一個來一塊坐。」我笑笑地環顧四周，隨興坐到吧台上。

吧台有兩位調酒師，一男一女，女的叫Serpon，通英文，我們互看一眼，感覺挺對味，就聊了起來。

「下班後請妳喝一杯？」

「嗯！好。」她大方地同意，一點都不扭捏做作。

我們一塊喝酒，並隨著酒吧的音樂翩翩起舞，她的舞跳得極好，快的、慢的都很棒！

第二天，適逢星期天，喚起Serpon，一起到二樓噹噹船上的西式早餐，隨後一起暢遊曼谷。

曼谷街道不大，馬路上到處都是摩托車改裝的三輪車，「叭叭叭」的滿街跑，「坐坐看吧！很過癮喲！」這種三輪車跑得快、又便宜，連當地人都經常搭乘，我們一坐上去，三輪車伕快速地飆起車來，在酷熱的曼谷街道感受車速帶來的涼意，倒是另一番意想不到的收穫。

▲老實說，坐在象背上並不舒服。

接著我們進入玫瑰花園的民俗村騎大象，Serpon說：這裡的大象從小接受訓練，主人花很多時間跟牠們相處，以取得牠們的信賴，因此牠們都聽主人的命令，我們坐上去，在主人的指揮下，大象安全地帶我們繞了一圈，這種受過訓練的大象在泰國經濟上扮演著相當重要的角色。

離開民俗村，來到泰國皇宮，雖然只開放一個庭院，但也頗有看頭。泰國人民百分之九十五是佛教徒，境內有將近兩萬座佛寺，泰國男孩年滿二十歲就要短期出家，大部分的人都選在七到九月農閒時期出家，男孩出家不但可以積功德，還可以提升社會地位，不過泰國法令倒沒有硬性規定。

天黑前，Serpon特地請我品嚐泰國傳統小吃；回船時，為了怕我迷路，她陪我一塊搭計程車，轉搭舢板（當地的小船）時，爲了怕我被敲竹槓，她和舢板主人討價還價好一陣子，揮手道別的當兒，我對serpon有著無限愛憐，像她這般溫柔細心的女孩眞不多見。

三月十二日正是我二十一歲生日。

八點下班後，約「蘆筍」出去逛逛。

「不行，這幾天太累了。」的確，一到泰國每個人每天都很忙，但「蘆筍」一聽說我生日，立刻改口：「你生日?走，一句話，我請。」

和「蘆筍」一塊搭「舢板」出去時，正巧遇到船上一伙人要帶「女朋友」回芭芭丹，於是我們一塊搭船走。

芭芭丹是曼谷特種營業的大本營，她們都住在一起，類似宿舍，宿舍靠河邊，房舍以木頭搭蓋，爲了怕淹水，都建成高腳屋形式，裡面的客廳寬敞無比，屋頂很高，很涼爽。這裡的高腳屋很漂亮，是這一帶幾百戶人家中最高檔的，屋裡的「媽媽桑」見我們來，高興地準備一桌豐盛酒菜熱情款待，看她們待我們的模樣，不像招呼「顧客」倒像招待朋友，我和「蘆筍」沾他們的光，也一起大快朵頤。

酒足飯飽之後，「蘆筍」對Serpon十分好奇，硬是要看她。

一到酒吧，Serpon看到我，高興異常，她沒想到我們居然還有機會再見，歡愉之情溢於言表，「其實我是來say good-bye。」Serpon一臉依依不捨，最後我們在優美的旋律中共舞、道別，結束彼此兩天的情誼。

「不錯！不錯！眞羨慕你！」「蘆筍」言簡意賅地表達對Serpon的看法，也肯定我的眼光。

三月十五日，在平靜的暹羅灣曳航了三天，晚上九點來到亞洲航運的輻軸——新加坡。

新加坡的夜景絕不輸給香港，相信白天看起來會更美。原本預定在新加坡裝貨，大概是代理行與貨主之間沒談攏，於是此趟新加坡之行只是單純的加油任務，而且油駁船馬上靠了上來，大概明天五、六點就可以加滿油，看來這次跟「她」是無緣了。

備註：

①舊的黨外大副在吃年夜飯時，喝酒過多，當著代理行、船公司、美國友人等「客人」的面前，與二副起了衝突，打得二副滿船跑，船長當下氣得打報告回台灣，在泰國將他遣送返台。被打的二副原本當過船長，但他擔任船長時曾意外撞船，所以很多公司不敢再用他，這次德同公司算是「膽量十足」。

第十七章

貧窮落後的孟加拉

麻六甲海峽內風帆雲集，兩旁有數不清的熱帶島嶼，

站在船艏登高一望，眞有點像明朝鄭和下西洋時君臨天下的感覺。

德群輪離開新加坡，只見麻六甲海峽內風帆雲集，數不清的大小船隻在這裡交會，再各奔前程，海峽兩旁有數不清的熱帶島嶼，站在船艏登高一望，此時有點像明朝鄭和下西洋時君臨天下的感覺，也有點像二次世界大戰時日軍攻佔南洋群島的情景！南洋，多少華人子孫承先啓後來到這裡奮鬥，他們胼手胝足，流血流汗，換來橡膠大王、石油大王、木材大王等等榮景，也為這風光明媚的南洋群島做了不少事。航行在這春光明媚的南洋，有「不知今夕是何夕」的感覺！

印度洋海域清澈湛藍，吸引三五成群的海豚追隨，牠們時而優美跳躍、時而破浪前進，然而進入孟加拉海域的吉大港（Chittagong）外海，狀況卻完全不一樣。海面上骯髒無比，漂浮著樹枝、瓶子、塑膠袋，看起來混濁不堪……，光看到這些情景，就破壞了我們對有「世界人口密度最高」的孟加拉的第一印象，輪機長更提醒駕駛台小心行駛，免得推進器打到垃圾，造成船體損壞，眞是大煞風景！來過孟加拉的老船員提醒我們菜鳥：此地不宜觀光，因為孟加拉落後、貧窮，結夥搶劫、打家劫舍處處可見，最好乖乖待在船上，免得惹禍上身。

可是，不深入探訪怎麼瞭解孟加拉呢？

德群輪停在吉大港的碼頭邊，對岸是一片一望無際的綠色草原，碼頭四周非常空

▲吉大港碼頭一瞥。

曠，岸邊則有不少人：一排排的「三輪車」車伕在船邊招攬生意，一群無所事事的人光著腳丫子踱步，等著打零工的機會。

晚上八點下班後，約了小顏和小東到碼頭邊逛逛，心想，反正語言不通，就當來這裡散步吧！怎知一下舷梯，三輪車伕一擁而上，竟然還用台語說：「三輪車、三輪車」來攬客，他們的英語還頗爲流利，原來孟加拉獨立之前原屬東巴基斯坦，與印度、巴基斯坦同屬英國殖民地，難怪他們的英文呱呱叫。既然語言沒問題，我們三人招了兩部三輪車到市中心去。

孟加拉是個嚴禁外幣買賣的國家，聽說出海關會搜身，就是不讓帶美金出去，所以我和小顏都把美金藏在鞋內，小東卻出了問題。出關時，海關問我們有沒有美金，我和小顏很有默契地說：「NO！」，小東卻說：「YES！」，還挑出來給他看，這下海關可找到刁難我們的理由，硬說不能出去，其實市中心可去可不去，沒想到海關看我們一副無所謂的態度，竟改口問小東要不要換錢？

一般銀行美金對孟加拉幣是一比二十五，他居然問：「一比二十如何？」擺明要賺五塊錢，最後以一比二十二成交，他高興，我們也省麻煩。

出了海關，兩部三輪車直驅市中心。

三輪車的車座狹小，顛簸幅度極大，坐起來非常不舒服。車伕賣力騎車，晚上八點多，沿途一片漆黑，沒有任何路燈，唯一的光線來源是三輪車車後的油燈，那油燈是生意上門時才點的，而且路上看不到商家，也絕少看到轎車，我們只看到一部六〇年代的老式裕隆車，這已經算非常高檔的車了。

騎了好久，終於到了「有路燈」的街道，這裡的「文明」和台灣五〇年代的農村差不多，一般來說，「電燈」還不普遍，只有熱鬧的商業中心才有，不過有「燈光」總算讓我們看清街道景象和當地人們。

街道兩旁一片矮房，居民大都在街上晃來晃去，人行道上還集體躺著一群人，像極大屠殺場面，後來才知道他們是無家可歸的可憐兒。

這裡所謂的市中心，只不過是幾家「小」商店而已。說「小」，可一點也不爲過，大間的不到十坪，小間的只有兩三坪，門口架子上鋪了兩三片木板，像菜攤一樣，賣的東西全放在上面，放的不過是當地土產，而且只有一點點，很少看到生活必需品。

「觀光客」對當地人來說，大概是「稀有動物」吧！跟在我們後面的全是三輪車車隊，大部分是空車，我們叫的三輪車緊跟在旁，唯恐我們走失，丟掉賺錢的好機會。

坐在三輪車上還好，一下車，大人、小孩全都圍過來要錢，小東看到一個六、七歲「海豹肢」①的小朋友可憐，決定丟兩個銅板給

▼孟加拉灰暗的黎明與歸航的漁船。

他，丟第一個時，他輕鬆拿到手，丟第二個時，旁邊十幾個人全跑來搶，還有五、六人因細故打架，我們見狀立刻坐三輪車走人，他們看我們走，立刻追過來，邊跑邊拍打三輪車要錢，就連「海豹肢」也身手矯捷，爬得奇快無比。

脫離人群，我們要求車伕帶我們到當地最好的酒吧見識，三輪車在一家過時的店停下來，那是鄉下的小店，類似台灣早期農村的雜貨店，木頭門，門一打開，瓶瓶罐罐的酒瓶堆在門口邊，老闆叫我們「坐」著喝，手卻指門檻，意思是坐在門檻上喝，那豈不成了乞丐，我們立刻掉頭就走。

一趟出來什麼東西都沒買到，小東說乾脆買些水果回去吧！一到水果攤，一群人又一擁而上，他們似乎隨時都在附近「埋伏」，就等觀光客上門，我們看到人群馬上改變主意，逃回船上。

船上有一份關於孟加拉的介紹：孟加拉原為東巴基斯坦的一部分，一九七一年獨立，但孟加拉從建國起就遭遇許多麻煩和困擾。歷時九個月的內戰加上暴風和海嘯侵襲，造成將近二十五萬人無家可歸，使得這個過度擁擠，財政、社會都不穩定的年輕國家，一開始就居於劣勢。

雖然孟加拉很貧窮，飢荒卻少見，因為百分之八十的農業用地種植水稻，魚產量大，所以米和魚成了孟加拉人不虞匱乏的食物，而黃麻則是他們唯一可以換取現金收入的作物，而且品質優良，世界第一。

看了這份資料，再對照我們今晚到市中心走一趟的心得，倒令人覺得，鄉村生活實際上有落差，在蔥鬱青翠的美景和安寧和諧的鄉村背景後面，籠罩著一層貧窮不斷加劇的烏雲。

但願這種現象能急速改善，加快孟加拉進步的腳步。

夜已深，走到甲板，「蘆筍」和小東正躺在那兒，孟加拉的白天雖然不堪入目，夜景卻明亮透徹，而且星星亮得耀眼，可能是因爲這裡沒有光害吧！

由於沒有大氣層的懸浮粒子，沒有灰塵，空氣乾淨，加上船上沒有燈光，在暗處往亮處看，點點燈火便串成燦爛星光，形成一幅美麗的畫面。

原來，孟加拉也有美麗的時候。

港邊的另一特色就是「以物易物」的交易活動。

隔天下午，船艉熱鬧非凡。一艘艘滿載當地貨物的船正跟我們進行交涉，他們用當地的水產品、農產品跟我們換船上的東西。湊前一看，大約四、五艘船，船上有大白菜、番茄、茄子、西瓜、螃蟹、蝦子、魚等等。

▲以物易物---另一種新鮮的體驗。

雙方的溝通幾乎都用比手劃腳，有時會說些簡單的英文，例如他們舉起一個大西瓜，然後說「beer」，我們就拿一瓶啤酒，他點點頭，就成交了。半天下來，雙方收穫頗豐。

我以三瓶可口可樂換一大串芭蕉，一打啤酒換一大堆螃蟹，螃蟹之多，大概超過五十隻。王師父平常「節儉」成性，見狀立刻說：「那麼多螃蟹你哪吃得完呀！我看我拿兩隻來吃吃。」沒想到螃蟹還挺兇的，王師父一拿，手就被螃蟹的兩隻鉗夾得出血，痛得他直喊「哎喲！」

最值得一提的是「鸚鵡交易」，他們一手拿一對鸚鵡，一手拿一堆飼料，問有沒有人願意養，如果願意，

▲我用十二罐啤酒所換來的「橫行將軍」。

他將提供飼料。這裡實在太窮了，連寵物都被當成交易品，我們表示願意，他們說要「beer」，最後雙方以半打啤酒換了一對鸚鵡。

後來才知道這裡的飲料很貴，最受歡迎的啤酒在這裡幾乎喝不到。不過，他們喝啤酒還會指定品牌，「百威」和「海尼根」才要，麒麟啤酒不要，至於原因就不清楚了。

總之，第一次嘗試這種交易感覺很新鮮！

船在吉大港完成卸貨之後，德群輪將前往孟加拉的另一個港口迦納（Chalna）卸小麥和紙漿。

迦納沒有碼頭，所有船隻都下錨於河道中，由駁船接駁卸貨。

這裡比上一個港口更落後，地上建築物少得可憐，大地一片荒蕪，和上一個港口一樣，我們停機後不久，十幾艘舢舨就靠到舷邊來「以物易物」。

輪機長拿了三個十加侖的塑膠桶給我，「看能換些什麼海產來給輪機部打打牙祭？」

我只好在船邊跟他們做起買賣，幾經討價還價，最後換得三簍螃蟹。此地的螃蟹和台灣的紅鱘相似，兩隻鉗子肥肥壯壯的，三簍螃蟹共十五公斤重，眞是便宜！甲板部也以油漆桶和廢鋼纜換了八簍螃蟹和三十五公斤蝦子。

此時船艉也熱鬧起來，一個媽媽載著兩個孩子和椰子划著舢舨過來，小朋友似乎口渴難耐，果然他指著嘴說「thirsty」，我拿了裝沙拉油的小桶及酒瓶裝些水，用繩子吊下去給他們喝，正當他們喝完我要把繩子拉上來時，他卻拉住繩子，原來他繫了一個椰子作爲回報，算是禮尙往來吧！

那兩個小孩，衣不蔽體，於是我到機艙的破布堆內翻出兩三件較乾淨的衣服丟給他們，小孩馬上撿起來穿在身上，露出兩排白白的牙齒舉起「童軍禮」致敬，眞是可愛！

舢舨越聚越多，其中一艘舢舨載滿了各式各樣的海鮮及蔬菜，有螃蟹兩簍（約十公斤重）、蝦子兩簍（約十公斤重）、高麗菜八簍（約三十公斤重）、茄子四簍還有一些辣椒、大蒜等，這些東西全部加起來，他們只要一箱啤酒。

不巧，船上的啤酒剛好缺貨，最後以一箱可樂成交，不過，在他們眼中，啤酒比可樂「高檔」，因爲當我們改用可樂交換時，他們第一個反應居然是「NO」，非啤酒不換，後來才改口，其實在船上可樂比啤酒貴哩！

另外伙委以兩箱可口可樂換了三船蔬菜，老洪也從房間搬出蒐集的酒瓶、罐子送給他們，誰知這一送，他們搶成一團，差點演出全武行，這些塑膠罐、鐵罐、酒瓶在他們心中可是寶貝哩！

交易持續進行，直到傍晚，走到船艉，看到一個熟悉的身影，原來是送她衣服的婦人和小孩。天呀！他們從早上六點一直到現在，除了早上喝的水之外，似乎還沒進食，於是我直奔二樓，用塑膠袋裝了一些飯和菜用繩子垂下去給他們吃，看他們狼吞虎嚥地吃起來，真讓人痛心！也許我們不應該跟他們計較多兩顆椰子、多兩簍蝦子的刻薄生意吧！

太陽慢慢地隱入地平線，大地又恢復了黑暗與寧靜，明天又是一個新的開始。但是孟加拉充滿生機和希望的曙光，何時來到呢？

備註：

①一種手腳皆畸形呈海豹肢體狀的病症。

73.03.25—73.03.29

孟加拉迦納港→馬來西亞吧生港

第三航次

73.03.29—73.07.24

馬來西亞吧生港→新加坡補給

→印尼→新加坡→馬來西亞吧生港

→（經麻六甲海峽、印度洋、

阿拉伯海、紅海）沙烏地阿拉伯吉達

→（經蘇伊士運河）埃及亞力山大

→（經地中海、直布羅陀海峽）法國南特

→（經英吉利海峽、北海）比利時安特衛普

→荷蘭鹿特丹

第十八章

馬來西亞的「阿瓜」

「她」身材姣好，瓜子臉、眉清目秀、婀娜多姿，

咱們不約而同把目光移到「她」那兒，就在他們陷入陶醉狀時，

他忽然面露驚慌，原來是摸到「她」的喉結，

再探上圍，是假的！再摸下去……，竟與男人一樣！

離開孟加拉結束了第二航次，此時突然接到公司的電報，要我們開往新加坡，至於爲什麼，卻隻字未提。

這幾天謠言頗多，有人說第三航次要到澳洲裝小麥運往中東，也有人說要裝煤炭運往泰國，還有人說將直接到泰國裝肥料前往歐洲，更有人說前往日本，或回台灣做年度保養等等。

其實，到那裡都一樣，多到一個陌生的地方就多瞭解一個國家，進而對這個世界多一分認識，多一些美好的回憶，這就是「散裝雜貨船」的特色，永遠不確定下一個地點，永遠可能改變航程，當然不可預期的未來也是吸引人的地方。

船往新加坡的方向開，離上次發電報的時間隔了兩天，我們接到新消息要前往馬來西亞裝木材，不過隔了六個小時，又來電報說：還是先到新加坡載補給品，再前往馬來西亞及印尼裝三夾板及木材運往歐洲。

水手長和木匠老許說：要是運木材到歐洲的話，可能到義大利、西班牙、荷蘭、比利時這些港口，至於詳細的細節過一、兩天才知道。

喔！沒想到嚮往已久的歐洲即將成行。歐洲，多詩情畫意的地方啊！那萊茵河畔的綠蔭，阿爾卑斯山的千年積雪，還有那浪漫的歐洲女郎，在在令人充滿綺麗幻想，嘻！

我帶著微笑入夢，夢裡的歐洲比想像中還美！

來到馬來西亞的吧生港（Port Kelang）水道內下錨，隨後代理行送來貨單，一看之下，令人雀躍三尺，原來這個港口所裝的木材要運往英國、法國、比利時、荷蘭，而馬來西亞另一個港口要上的貨還不知道去那裡，但確定仍是歐洲，這下子歐洲之旅確定可以成行了。

大副與代理行商量並派好交通船，我跟小吳換好了班，和「蘆筍」、小東、小顏一起搭十二點的ferry（小艇，交通船）到碼頭，小艇在港內足足開四十分鐘才到小艇碼頭，可見港口有多大。

出了碼頭，在附近一家老華僑開的藝品店兌換當地貨幣（1美元=2.28馬幣）後，隨即走到郵局寄了幾封信，剛走出郵局大門，就看到一部TEKSI（馬來文，意指計程車），司機剛好也是華人，國、台、英、馬四種語言皆通，本來只要司機送咱們到吧生的Taxi埠（相當於台北——基隆的野雞車集散地），但他老兄說願意帶我們到吉隆坡，我們也省了換車的麻煩，就讓他繼續效勞。

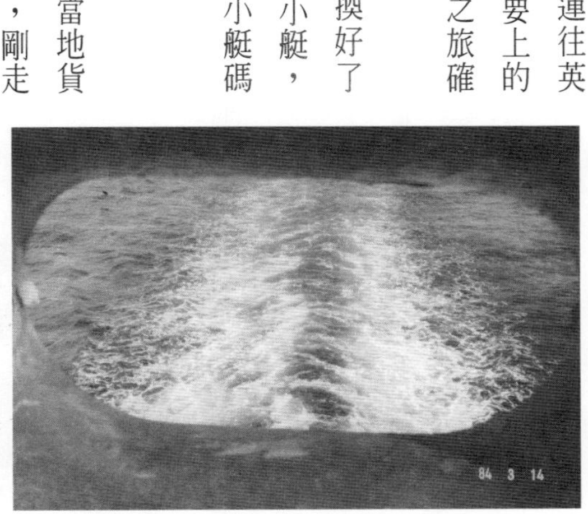

車子剛到吧生市區，我們正納悶，馬來西亞這麼進步嗎？車子上高速公路奔馳約四十分鐘後來到首都吉隆坡，這裡不只是進步而已，高速公路的發達令人刮目相看。放眼望去，高樓如雲，車水馬龍，交通擁擠的情況不下台北市，印象中的馬來西亞應該和泰國差不多，到處是橡膠園、熱帶雨林，這下可推翻以前的印象了。

到野雞車站下車後，隨即又攔一部的士①前往「金河廣場」，這是當地華僑推薦之地。

▲佔地遼闊的馬來西亞總理官邸。

其實這是一個大型購物中心，設計之新穎，規模之大，連台北的來來百貨也瞠乎其後（民國七十三年，台北大概只有來來百貨足以當比較標的）。

這裡百分之八十以上是華人，當地人反而較少，感覺像回到台北。據說此地的經濟全被華人操控，但馬來人較有權勢，公家機關清一色皆爲馬來人。時下年輕人的打扮、穿著、髮型都非常時髦，言談舉止也不差，生活水準與香港、東京、台北並駕齊驅，倒是都市計畫比台北強，綠地多，街道寬敞，整齊清潔，或許這是以前英國佬留下的作風吧！

在金河廣場購買紀念品，又接著逛吉隆坡市區之後，我們回到吧生直驅當地夜市。

夜市中最著名的是肉骨茶，這裡的肉骨茶可一點也不含糊，所有的內容都是眞材實料，小排骨、當歸、枸杞加數十種中藥熬成，上桌時，碗裡有排骨加湯，飯則另外用盤子裝，這裡的米和台灣大不相同，沒有黏性，碗裡的飯都由獨立的米粒構成，盤子搖一搖，飯粒全都動起來，倒挺有趣！坐在我們隔壁桌的當地人拿起湯匙，將湯和排骨舀到飯裡，直接用手「抓」來吃。

我和「蘆筍」互看一眼，猶豫了一會兒，還是不敢入境隨俗。

「吃得習慣嗎？吃完還有喲！」老闆的國語講得不錯，原來他哥哥住在桃園，知道我們從台灣來，特別禮遇，排骨吃完了、湯沒了，毫不吝嗇地往我們碗裡猛加料，讓人倍感溫馨！

八點來到銀座歌廳酒吧，四下一望，只有我們四個人，感覺像把整家店給包下似的，直到九點，bar girl（酒吧女郎）、樂隊都來了，氣氛才熱鬧些，原來吧生的夜總會九點才營業。

小顏和「蘆筍」各點一位bar girl坐檯，音樂揚起之際，一位穿韻律服的女孩表示要坐我的檯，抬頭一望，這不望還

▲在吉隆坡大肆採購的小東。

好，一望把我的魂都嚇飛了。其眉粗如大楷畫的，口紅有如血盆大口，但她硬是「毛遂自薦」，令人難以拒絕。她雖然美豔不足，但熱情有餘，「喔！來嘛！討厭！」猛獻殷勤，讓人無法消受。

小東也被媽媽桑硬塞了一個正點女郎，她身材姣好，瓜子臉，眉清目秀，婀娜多姿，一坐下來，咱們不約而同把目光移到她那兒，就在他們陷入陶醉狀時，忽然小東面露驚慌，原來是摸到她的喉結，小東故作鎮定再探上圍，雖有點size，卻是假的，再摸下去……竟與男人一樣，這不是當地所謂的「阿瓜（陰陽人）」嗎？

頓時小東像一盆熱火被冷水澆熄—沒興趣了，隨後又來一位身材、臉蛋更上乘的bar girl，我們再次目不轉睛地打量「她」，結果小東再叫一聲「哇！」又是個「阿瓜」。後來才知道這兩位「阿瓜」是這家店的「金字招牌」，這在小東聽來眞不知道該高興還是該難過哩！。

或許，這是馬來半島除了橡膠、錫礦、木材之外，另一種特產吧！

備註：

①當地稱的計程車，如果想搭計程車必須在的士站排隊，的士很少當街攬客，而且車上都有無線電，和日本、香港、美國一樣，相較之下，台北顯得落後許多。

第十九章

原始的印尼叢林

一路上盡是田野，

兩旁散佈著高高的椰子樹、芭蕉及熱帶雨林特有的植物，

細雨濛濛再加上間接出現的高腳屋，

讓人恍如置身於「現代啓示錄」或「越戰獵鹿人」的情節中。

晚上離開吧生港往新加坡上store（補給品），吧生離新加坡很近，但船只要一停在新加坡港區下錨，就得付一筆錢給港口，爲了節省費用，船長下令以減速方式讓運輸船跟上來，和德群輪綁在一起，以慢車邊開邊上store，接著繼續補充載裝木材所需的鋼纜（因爲到印尼所載的木材，部分堆置在甲板上，需要鋼纜繫緊固定），所以這是我們第二度經過新加坡之門而不入。

在新加坡完成補給任務後，德群輪經南中國海往印尼方向行駛。

四月五日凌晨三點十分，德群輪經過赤道，拉氣笛三響（以前船隻跨越赤道並不常見，所以船隻都拉三響氣笛，並加菜以示慶祝），而我們目前的位置不在「北緯」而在「南緯」的海面。

船走在赤道附近，眞像在太「平」洋上，這裡是「無風帶」，風平浪靜，從不受颱風侵襲，只是氣溫長年維持在三十六、七度左右，所以感覺非常悶熱。

下午，大管叫我上一號吊桿修理導電滑環，其實下午我輪休，怎麼叫我呢？

▲海面平波如鏡的赤道日出。

唉！「人在江湖身不由己」，心不甘情不願地拿著工具，爬上三層樓高的吊桿，鑽進密閉的空間拆卸螺絲，不一會兒就汗流浹背。

一號吊桿內的溫度高達四十度，裡面只有一個通氣孔，熱得像蒸籠，在這種地方鑽來鑽去修東西，簡直快叫人窒息。修理工作只進行一半，便趕緊鑽出來透透氣，否則鐵定中暑。

海面的景致令人心曠神怡。上百條海豚在上面跳呀跳的，還有飛魚，不時騰空，不時跳躍，他們離水不高，飛來飛去，海豚好像追著飛魚，那模樣似乎在說：「別氣別氣，看我們的表演包你開懷大笑！」

經過三天的航行，我們進入印尼海域，德群輪停泊在Pomalaa外海——一個小島和小島之間的港灣。走到甲板登高一看，哇！又是海豚，又是旗魚，牠們騰空跳躍，像是歡迎我們到來。

一過中午，雷聲大作，突然下起傾盆大雨。

水手長說：這就是印尼典型的天氣型態，早上晴朗，下午烏雲密佈，接著就是一場午後雷陣雨。他們去年來過印尼，對這裡的天氣瞭若指掌。

雨歇，大夥紛紛拿出釣具到船艉享受垂釣之樂。

我們沒有釣竿，索性就地取材，小東用粗的鐵棍、鐵條銲幾個圈，用繩子一綁，釣線一垂就成了克難釣竿。

這裡不但魚多，魚種也豐富，什麼魚都有，金線鰱、紅目鰱、花身雞魚、沙梭……集魚燈一照，魚群全都集中過來。一條兩公尺長，黑白相間的大海蛇也游過來湊熱鬧，過了一會兒又游來一隻大水母，直徑大概四十公分，說這裡像水族館，一點也不爲過。

▲在印尼隨便拿條繩子綁上吊鉤，就可以吊上這麼大的魚。

隔天，在Pomalaa外海載貨完畢，德群輪將往Pomalaa駛去。船在小島與小島之間的港灣航行是另一種樂趣。海面平穩，躺在甲板上享受熱帶地區輕風拂面的涼爽，舒服極了！

Pomalaa是個偏僻的地方，放眼所及，不是叢林就是草原，人煙稀少，除了偶而傳來的蟲鳴鳥叫，幾乎聽不到其他聲音，周圍的環境空曠孤寂，遠方岸上有幾間疏疏落落的茅草人家，這表示我們將走進原始生活中。

德群輪在此地下錨主要是裝「鎳礦」，目的是運到荷蘭製作硬幣，這也是這趟印尼之行唯一不裝木材的行程。

船一停，裝貨的裝貨，值班的值班，未值班的也只有乾瞪眼的份（因爲沒有交通船，無法上岸），小東負責掃艙，鎳礦的屑非常重，他得花比平常多好幾倍的力氣才能掃乾淨，下了班，大夥無聊得很。

暑氣襲來，酷熱難耐，有人提議下水，大家紛紛響應，「撲通、撲通」從船上三層樓高的舷邊處跳下，頓時像洗了個清涼的冷水澡，非常過癮！

待在船上兩天，船長與大副依然沒有派交通船的意思，大家直抱怨無法下去見識當地風光。

「別難過，這裡沒啥好玩的，連個商店也沒有，不下去也罷。」水手長說話的表情像是我們到了荒島，日子只有呆呆過的份，而行事曆顯示，這裡要待一個禮拜呀！

輪機長趁大部分的人都在，下了大保養的命令，來個機艙總動員，這眞不是個好主意。我們只得認命工作，有人換閥，有人換墊片，有人清潔掃氣室，每個人都動了起來，鍋爐內部雖然沒有油泥，但到處飄著碳粉，令人差點窒息，我們在額頭綁一條布巾，戴上浸濕過的口罩及護目鏡，再戴上帽子，從早忙到晚，最後一個個變成「黑人」，連輪機長也是，每個人洗澡至少得花半小時才洗得乾淨，工作服至少洗三次才洗好，雖

▲穿梭於小島間的交通船。

然戴口罩，但鼻孔一摳全是黑的，連咳出來的痰也是黑色的，燃油燃燒後的粉塵太細了，口罩戴幾層都沒用。

終於，船長良心發現，要大副和當地工頭商量派一班船來，我和「蘆筍」、小東、小李、小傅五人首當其衝，攜帶餅乾、烤餅和罐頭像去遠足般，率先下船，搭小艇到島上玩。

「也許，我們可以找個地方野餐也不一定！」小李滿懷期待，像是脫困的籠中鳥，深深地吸一口氣。

小東則帶著彩筆，想找個地方寫生（他是學校美術社的一員，參賽得過獎）。人到這種地方，除了苦中作樂，還能幹嘛？就連船長讓我們下船到陸地走走，都算一種恩賜哩！

但到了小艇碼頭，原先的期待一掃而空，我們簡直欲哭無淚，像回到了台灣三〇年代的鄉下農村。

路，泥濘不堪，腐葉爛枝到處都是。由於經常下雨，這條唯一出口充斥著爛泥污水，只能找突出地面的石頭跨過去，好不容易才踩到踏實的水泥地面，但接著是一片叢林和野草，我們漫無目的亂闖好一陣子，終於誤打誤撞走到一個聚落的一家小銀行（有點像台灣的漁會小辦事處，裡面只有三個人，不是在看報紙，就是打瞌睡），這時大家都累了，直接坐在銀行前的階梯上休息，原本計畫野餐、寫生的「浪漫」生活，早已拋到九霄雲外。

半小時後，銀行外停了一輛小客車，車上下來四個人，其中兩個當地人過來「嘰哩呱啦」說一堆話，完全聽不懂他們說什麼。這裡絕少人會說英語，「比手劃腳」地溝通老半天才搞懂，原來他們是私營巴士，專門往返Pomalaa和Kolaka之間，並有「隨時招手攔車，立刻停車載客」的服務，兩地之間沒有站牌，任何地方皆可自由上下車，車費以距離遠近付費，而從Pomalaa到Kolaka每個人的車資是五百盧比（當時匯率一美金可換一千盧比）。

我們五人討論一番，老實說，每個人都想到更熱鬧的地方透透氣，於是決定到

Kolaka一遊。

從Pomalaa到Kolaka沿途盡是田野，好久好久才看得到一間茅草屋，路的兩旁散佈著高高的椰子樹、芭蕉及熱帶雨林特有的植物，細雨濛濛再加上間接出現的高腳屋，讓人恍如置身於「現代啓示錄」或「越戰獵鹿人」的情節中。

車子在鄉間小路顛簸一個多小時，終於來到Kolaka。唉！這裡也不過是個小市集罷了，走進一家小吃店點了幾瓶啤酒、可樂、烤肉串、烤花枝、花生等東西吃，屋裡的蒼蠅蚊蟲飛來飛去，垃圾紙屑到處都是，看了令人反胃。

不過我們來訪，倒引起不少當地民眾「圍觀」，他們像看大明星般爭先恐後目睹我們的「風采」，因爲這裡少有觀光客駕臨。

回到船上，我們把今天唯一的收穫拿出來炫耀，「哈哈哈，在台灣出不了名，卻到印尼來當明星！」

水手長苦笑幾聲：「當明星？不照照鏡子，看自己像不像？」照照鏡子，確實「腫」了好幾圈，和上船前比較，胖了不少。這也難怪，一天二十四小時，大部分的時間待在船上，扣除兩次放大洋，能下陸地走動的時間少之又少，除了照表值班之外，就只有吃、喝、睡，難怪會胖起來。

「照這樣胖下去，回國的時候，恐怕海關會認不出照片上的你喲！」「蘆筍」說得有理，那麼何不練劍道？那是我在台灣專精的運動，更何況這裡盛產木材，恰好可以就地取材。

「蘆筍」、小東十分贊成，一來健身，二來減肥，三來消磨時間，用在印尼再也恰當不過了！

我們從甲板上挑些木材，練劍道的第一步就從削木劍開始。

木匠許大的工具箱應有盡有，有鋸子、刨刀、砂紙，刨木材不難，只要懂得訣竅，很快便能削出自己想要的木劍。

「蘆筍」和小東畢竟是新手，小東削得像支打狗棒，「蘆筍」削得根本像球棒，我分別幫他們整理一下，然後開始暖身，教授他們木劍的基本練法和得分要領，例如劍道比賽時打到那裡才算得分，什麼叫犯規等等。

好久沒練劍道，一會兒就汗流浹背，兩位徒弟在「初學」階段，還正在摸索當中。不過，他們興致正濃，才學幾招就預約下一堂課程，讓我這位「教練」頗有成就感。

隔天，我們「三劍客」繼續到貨艙蓋上練劍道。最近學的都是基本動作，當他們拿出木劍時，我嚇了一跳，「蘆筍」昨天的木劍不是長這樣子的呀！原來他利用下午休息時間自己另外削了根木劍，還削得挺不錯的！

我們的劍道練習逐漸引起其他人注意，就連船長也要參加，其實練劍道在這種地方倒是不錯的消遣。

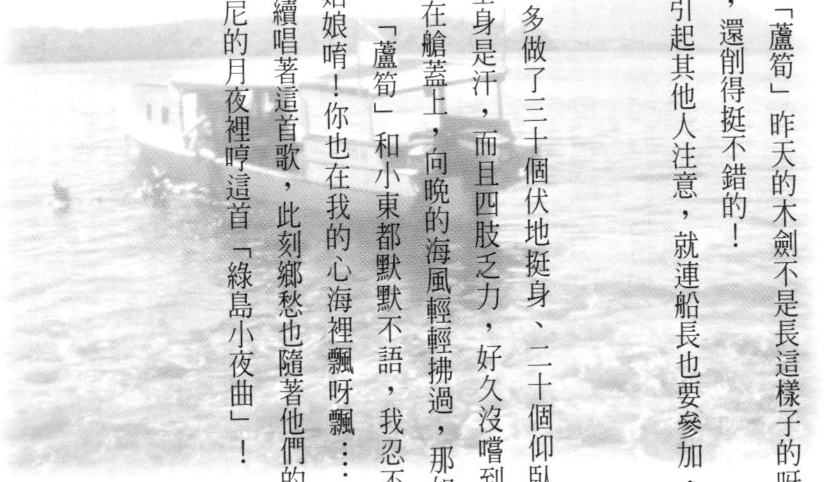

今晚除了練劍道外，多做了三十個伏地挺身、二十個仰臥起坐，外加大揮劍一百下，練完劍道，我不但全身是汗，而且四肢乏力，好久沒嚐到這種滋味，感覺十分舒暢！練習完後三人就地躺在艙蓋上，向晚的海風輕輕拂過，那如水銀洩地般的月光，投射在風平浪靜的海灣上，「蘆筍」和小東都默默不語，我忍不住哼起「這綠島像一隻船，在月夜裡搖啊搖，姑娘喲！你也在我的心海裡飄呀飄……」他們也跟著唱，一會兒，我停了下來，他們繼續唱著這首歌，此刻鄉愁也隨著他們的歌聲佔滿我的心頭。

從沒想到我們會在印尼的月夜裡哼這首「綠島小夜曲」！

第二十章

認識蔣介石的印尼婆婆

我和「蘆筍」越來越焦急。

小東倒鎮定說：「萬一他對我們怎麼樣，

我就用木劍把他打昏，然後阿彬再把車開回去。」

四月十五日我們前往Taboneo島繼續裝貨。

印尼除了盛產木材，魚獲量之多，完全超出想像，所以釣魚在這成了打發時間的一種消遣。

當天，我和小東先下鉤探路，不一會兒魚上鉤了，清一色的「花身仔」，大都二到四兩重，「蘆筍」也頗有成績，總共釣到約三斤重的魚，還包括一種「老頭魚」，當晚我們就吃魚肉大餐！

來到這裡，每個人似乎都釣上癮了，一下工就是釣魚，這裡海域出沒的都是「花身仔」和「巴郎（也稱硬尾仔）」，不一會兒就釣到半桶多。在台灣的海邊，老釣仙釣一天的量也未必有這麼多，漸漸的魚訊越來越少，到後來竟然沒有了，此時海面異常平靜，突然大魚出現了，是「蘆筍」的釣竿，我隨即接過來，乖乖，這傢伙還眞不小，人與魚像在拔河，雙方你來我往，僵持二十分鐘後，線斷了，我們捶胸頓足，懊惱不已。

自從大魚逃走之後，小魚也不來了（大魚去通風報信之故），只得收線殺魚去，魚太多吃不完，處理好就拿去曬乾，沒想到在船上還可以吃到魚乾。

當然曬魚乾得看老天爺臉色，印尼的天候幾乎都是「午後雷陣雨」，魚曬到一半就要收起來等隔天早上再曬。

隔天下午一收工，我又到船艉釣魚，釣一個多鐘頭一直乏「魚」問津，只得耐心等候，學著姜太公釣魚「願者上鉤」的精神，果然上來了幾條魚，但此時也雷聲大作，接著下起滂沱大雨，雨越下越大，豆大的雨串連在一起，風一吹，形成美麗的線條，煞是有趣！不過，這種午後雷陣雨可壞了不少好事，曬東西的要連忙收起來；裝木材的工作一延再延，大艙內所裝的三夾板不能受潮，所以至今連一艘接駁船的貨都沒裝完，原本預計二十四小時持續不停裝貨，大約五天可以完成，現在因爲下雨大概得花十天，好在只下了兩個多鐘頭，不然連大夥的心情都要受影響。

下雨天，大夥窩在房間，我叫「蘆筍」幫忙剪頭髮，他手藝好，當然不成問題。這時小東也進來，隨口問他要不要讓我剪一剪，他居然答應了。只好趕鴨子上架學剪髮師父以手量長度再剪，沒想到居然把自己的手剪了個洞，痛得我哇哇叫，唉！就當是「紀念品」吧！

說實話，我剪得不好，把他剪得活像個日本浪人頭，但小東卻很滿意：「嗯！這種髮型配合練劍道剛剛好。」

剪完頭髮，外面的雨也停了，我們興起到外頭買啤酒的念頭。

一行人說走就走，只見「蘆筍」和小東扛著木劍出來，問他們幹啥，居然說爲了「保護」自己，「誰知道當地土著會對我們怎樣？」小東還在頭上綁一條頭巾，別說土著會對他怎樣了，光他那身打扮就足以把土著嚇跑。

好不容易攔到車，跟司機比手劃腳說要去買啤酒，他猛點頭，但車卻往深山裡開。我們慌了，怎麼會這樣，賣酒的地方應該在市集人多的地方才對呀！

車子繞過叢林，越過山丘，進入深山，我們眞的害怕起來，一直提醒土著：「no！no！not here，buy beer！」我們每說一個英文字就配上一個手勢，搖手、喝酒、搖手、喝酒。

他友善地對我們點點頭，但車還是往深山裡開，這段路程除了雜草樹林，看不到一戶人家，我和「蘆筍」越來越焦急。小東倒鎭定，安慰大家不用害怕：「萬一他對我們怎麼樣，我就用木劍把他打昏，然後阿彬再把車開回去。」這倒是個好主意，於是我們沿途開始記路標，以免回程迷路。

開了半個小時後，終於出現一間茅草屋，他放慢車速，叫了幾句我們聽不懂的話，然後把車停在屋前，下車叫了裡面的人，不久出來一位老太婆，他們交涉了一、兩分鐘，我們也跟著下車，那位老婆婆很客氣地說了堆「日語」，這時我們才恍然大悟。

原來我們跟司機講的話他完全聽不懂，他看到小東頭上綁著頭巾又帶著木劍，以爲我們是日本人，老婆婆則是這座島上「唯一」會講日語的人，土著司機雖然聽不懂我們

▲圖中的小船常被我們當作登陸的交通工具。

的話，卻十分想幫助我們，於是才載我們來深山與她溝通，看我們需要什麼協助。

這下，我們鬆了口氣。

還好我們會一點日語，解釋說只是買啤酒而已，而且我們不是日本人，我們來自台灣。

「台灣？」她講了一句字正腔圓的國語，這個老太太是我們在Pomalaa見過最有深度的人，雖然她住在深山裡。

「對！台灣。」

「喔！蔣介石。」天呀！她對台灣的印象居然是蔣介石。

事情弄清楚後，大夥哈哈大笑，原來是場誤會。

後來那好心（最後證明他是好人）的司機載我們去買啤酒，結束這趟趣味十足的行程。

第二十一章

斷糧

水艙的水只能用五天，廚房的米只剩三袋，

船長下令：一、沒當班的就釣魚，處理好放進冰庫，當作存糧。

二、下雨時，把貨艙打開接雨水，以解燃眉之急。

回到船上，「蘆筍」迫不及待想釣魚當宵夜，因爲有酒嘛！

我們三人不約而同都換上大鉤準備拼大魚，我和小東等了好久絲毫沒有魚訊，但大魚似乎對「蘆筍」較有好感，一下子把它的鉤子弄彎，一下子把整組釣線拉斷，這時小李叫我和小東到二樓吃螃蟹，剛吃不久「蘆筍」就跑進二樓說釣到一條「海蛇」，這傢伙什麼玩意兒都釣得到，眞有一套！後來還是我親自出馬去把鉤子取下，並在舷邊剝起海蛇皮，再回到二樓去腸肚，赫！居然還有一條小魚在它的腸內蠕動。

處理乾淨，切成數塊下鍋煮湯，上桌時，只有水手長和許大兩人敢吃，其餘的人都退避三舍，海蛇？喔！No！

在印尼通常五點就吃晚飯，晚飯後天還亮著，在這荒島上，所有與現代化有關的東西完全被隔絕，沒有電話，沒有電腦，沒有郵局，這天吃完飯後，索性回房練功（看武俠小說）。

正坐下來，窗外好像有影子閃動，聽說有些印尼工人會偷東西，再次注意窗外的動靜，確定有人，我用手勢叫他「滾！」但這人顯然膽子很大，被吼之後，反而勇氣來了，示意我出來「單挑」，這下可把我給惹毛了，窗戶打開，拿起木劍，二話不說就衝出去。

那傢伙很快找到兩個人來，一對三，小顏見狀，立刻叫「蘆筍」、小東出來幫忙，

「蘆笥」馬上跑到房間拿了木劍和水手刀，他見大事不妙，拔腿就往tally room跑，tally room裡盡是貨主和工人，我們不管三七二十一，直衝進去，裡面的人全都站起來，氣氛劍拔弩張，其他印尼工人頓時全湊過來，一下子聚集七、八十人，而那個想偷東西的傢伙躲在最裡面不敢出來，雙方對峙好一會兒，貨主才出來圓場。

大副、大管、許大也都聞訊而來，貨主是華人，經過一番調解，對方道歉才平息紛爭。雖然事情圓滿解決，但是遇到這種事，心裡難免不舒服。

四月二十二日來到Kota Waringin島，這個島不但拗口難念，連風景也難看，算來這是一個「蠻荒地區」，水手長說：去年德群輪只到泗水和雅加達，這兩個地方都非常繁榮，相較之下眞是差了十萬八千里。

和水手長聊天的當兒，隱隱約約傳來大廚的聲音「……斷糧……」，一問之下，眞有「斷糧」的危機，原本預計回新加坡再補充糧食，但沒想到一到印尼又接到另外的case，要繼續載貨，這下可慘了，船上幾乎沒煙、沒酒、沒伙食，而且也沒水。

隔天，公佈欄貼出公告：船艙的水大概只能用五天，請大家節約用水。另外，大廚也說：廚房的米只剩三袋，請大家要有心理準備。

船長不算正式的下達幾條命令：一、沒當班的就釣魚，將魚處理好放進冰庫，當作

▲信奉回教的印尼人不吃豬肉，豬價非常便宜，偶而還可買到大山豬。

存糧，以備不時之需；二、下「午後雷陣雨」時，把艙蓋打開，先裝雨水再行處理，以解燃眉之急。

大家有點慌，雖然還有泡麵，但總是吃不過癮。

不過經驗老道的水手長倒「老神在在」。

幾天後，一隻近百公斤的山豬躺在甲板上，原來是水手長向土著買的，才二十五塊美金而已，這下可熱鬧了。

印尼人信奉回教，不吃豬肉，當然也不肯殺豬，我們只好自己動手。

山豬四肢綁妥，兩三個人拿粗重的木棍，用力打，直到將山豬打昏爲止，我拿出臉盆想接豬血做豬血糕，放血時，臉盆擺好，沒想到血一噴出，噴得大家滿臉都是，大夥笑得坐地不起，算了！豬血糕作罷。

水手長拿出長刀，他可是有殺豬經驗的喲！就看他施展十八般武藝，將豬腸、豬肚、大腿肉一一分割，留一份當今天豐盛的山豬大餐，其餘的送進冰庫，改天進補。

山豬大餐，船上沒人擅於料理，肉澀澀的，難以下肚，後來不知誰出的主意，加柳橙皮下去煮，這麼一來，大夥徹夜難眠，實在是太補了。

五天後，一艘台灣來的六千噸級散裝近洋船也到Kota Waringin島裝木材，我們像見到救星般，飛也似地搭乘工人交通船「訪問」對方。美其名爲「訪問」，其實是去討救兵，果然大夥功力不弱，得米三袋、水果兩箱、米酒六瓶，而對方的大副和報務也隨後來「參觀」，美其名爲「參觀」，實際上是來「算帳」，還好船上留有一些美金，不然我們眞要靠泡麵果腹了。

從印尼載貨到現在，所經過的島嶼只有我們這一艘船，今天難得有個伴，我們也不放棄「敦親睦鄰」的機會，和「蘆筍」、小東一起拜訪對方，順道交個朋友。

這一參觀下來，我們心裡可舒坦多了，他們三副的房間比我們的還小，設備很舊，再到機艙一看，又吵又熱，沒有控制室，突然間覺得德群輪高檔多了。

離開前，他們「捐」了十八箱泡麵給我們，船上的伙伴從遠處看著我們扛泡麵的模樣，高興得很！好像這裡是難民營似的。

雖說我們要來的東西都直接交出去，但水手長帶回來的半打紅標米酒卻藏了起來，想當然耳，對嗜酒如命的他和許大來說，打死也不肯捐出來。許大喝下一瓶酒後精神大振，高興之餘也吆喝大家來喝一杯，但喝酒總要有小菜助興才過癮，現在沒有小菜了，我於是把家人寄到香港的魷魚絲拿出來請大家吃。

打開一看，不妙，竟有百分之四十的魷魚絲發霉，原本捨不得吃是想等放大洋時再開的，沒想到印尼潮濕的氣候連魷魚絲也不放過，想想，算了！丟了吧！

「丟掉？多浪費呀！」大廚進來，手一伸就把魷魚絲搶走，他對食物非常敏感，尤其面臨斷糧的時候。

「好不容易弄點下酒菜，怎麼可以糟蹋呢？」大廚端詳魷魚絲好久（他這一輩子大概從來沒有這麼仔細看過魷魚絲吧），然後正經八百地說：「應該先把它用水沖掉，再用刷子刷乾淨！」聽來似乎很有經驗。

他將百分之六十乾淨的魷魚絲挑出來，拿到二檯用烤箱烤過，擺進冰箱冷藏。發霉的百分之四十清洗後，加點鹽、味精、胡椒，再來點醬油，送進烤箱，五分鐘後，香味飄了出來，魷魚絲就在大廚的「妙手回春」下「搶救成功」，我們把魷魚絲放進嘴裡嚐一嚐，味道還眞不錯哩！

吃完魷魚絲，我一直注意胃的反應，有不舒服嗎？想拉肚子嗎？隔了好一陣子，胃沒作怪、沒抗議、沒鬧脾氣，嗯！大廚眞有一套。

「食物烤過或炒過，大部分的細菌就殺光了，不會有問題。」他那得意的模樣，像是替大家上了一堂「野外求生」課。

離開Kota Waringin島，四月三十日早上六點德群輪來到Poso，要到Tokorondo島前必須先到這裡結關。

九點多，海關人員上來，這裡的海關跟泰國差不多，都是來要東西的，但輪機長直接向他們表明目前面臨斷糧危機，他們才放我們一馬。

斷糧的隱憂雖然不至於讓大家餓肚子，但菜色確實比以前差，當然，非常時期大家可以理解。不過，平常不管事的大管，今天卻主動關心大夥的「胃」，原因是他聽說大廚配菜不公，特地來了解實情。

我們的伙食確實由大廚分配，五人一桌，輪機部、甲板部雖然都在二樓用餐，但不同桌，而大廚跟甲板部的人比較好，甲板部有什麼吃、喝、玩、樂都會找大廚一起來，可能是這種情愫作祟，大廚每次煮雞、鴨、魚、肉一定先放甲板部那一桌，但頭、雞腳、翅膀、屁股就放到我們這一桌，不知道誰告的密，讓大管「仗義執言」。

大管這一質詢，可惹火大廚，他堅稱自己是公平的，為此還大發一頓脾氣，不過大管的動作「提醒」意味濃厚，如果能因此讓大廚配菜更公平，那麼這種「關切」也算有意義。

原本這件事就這麼告一段落。

但不巧，這時流傳大廚在馬來西亞「中標」的消息甚囂塵上，幾乎全船的人都聽說，也不知怎的就傳到大廚耳裡，這下非同小可，他氣得直衝大檯，滿口三字經，大吼大叫，又是拍桌子又是跺腳，簡直目中無人，他大概氣瘋了，居然作勢秀出「那話兒」給大管看，要他檢查到底有沒有「中標」，若是沒有的話誓言要殺大管云云……，輪機長跟船長說：這實在太囂張，太不像話了，應該把他送回去。

「遣送回國」對船員來說就「待誌大條」了，大廚知道船長可能做出的處分後，旋即跑到輪機長房間道歉，但大廚跑到輪機長房間道歉卻沒跟大管道歉，大管怎麼可能嚥得下這口氣，再說，如果大管不從這件事討回面子，將來要如何帶人，最後的結論是由大管寫一份報告，經由輪機長呈給船長，由船長裁決。

這一陣子大家的情緒起伏很大。昨晚吃飯時，小劉又把他那一隻臭腳放在椅子上熏人，他幾乎每一次都這樣，「蘆筍」已經忍很久了，終於爆發開來，兩人大吵一架，而小劉那一副不把「蘆筍」看在眼裡的德行也惹毛了我，我臭他幾句：「有種的話就到外頭『單挑』。」小劉竟擺出一副比哭還難看的笑臉，慢條斯理地說：「這不是帶不帶種的問題呀！」後來他看到自己居於劣勢才把臭腳放下。

而小吳最近也很怪，老是在背後東家長、西家短的，說些無中生有、加油添醋的話，還指名道姓說我、「蘆筍」、小東三人練劍道是搞小團體要對付某些人……連我已經改過的壞脾氣也再次被激怒。

水手長說：這叫「虛火上升」，從離開泰國之後經孟加拉到這裡，將近兩個月沒發洩了。意指在船上「悶」太久才出毛病的，他建議大家應該找機會到外面「解放」以降降火。也許他說得對，還好二副那兒隨時補充保險套，相信大廚中標的事應該只是傳聞。

Winston
84 4 15

第二十二章

悠閒的島嶼生活

竹筏上面有竹籐及椰葉編的棚子，

坐上去，身體下半身全浸在清涼的海裡，

溫煦的陽光如水銀洩地般穿過椰葉灑在身上，

陣陣椰風輕輕柔柔拂過臉頰，

遼闊的海水在陽光的照射下也活潑起來，

飽覽島上迷人的風光之餘，我幾度懷疑這是人間仙境。

德群輪沿著海岸航行，只見一間間的印尼小屋隱藏於高高的椰子樹下，樹枝隨著陣陣清涼的海風慵懶地搖曳，幽靜綿長的海灘，恣意展現悠閒的風情，這景致令人爲之嚮往，無疑的，她是目前所到過的島嶼中最迷人的，要是台灣有這麼一小塊清幽寧靜的仙境，再加以好好規畫，不出幾年也會成爲有名的渡假中心。

航行約一個鐘頭之後，來到Tokorondo島下錨裝貨，這次的錨地離岸邊只有三百公尺，似乎可以考慮下去吸些「土氣」。

船長派交通船後，全船人傾巢而出，連最不喜歡下地的船長也共襄盛舉，這也難怪啦！人畢竟是陸地上的動物，成天侷促在鐵殼子裡，誰受得了。

小船靠了碼頭，下了岸邊，旁邊正好有家鋸木廠，廠內有幾個馬來西亞籍的華僑技工，在這裡負責機械技術問題，一見到我們，高興的不得了，「他鄉遇故知」的喜悅不言而喻。

「你們對這裡不熟，對不對?走，帶你們到『湖』邊游泳。」其中一位華僑熱心充當嚮導。

在他的指引下，大夥爬「丘」涉水，到了目的地之後，卻大失所望，這不是一個湖，而是一座小山澗，溪水從高約三公尺的地方流下來，沒有瀑布的聲勢，沒有美麗的景觀，周圍倒十分寧靜，偶有鳥語蟲鳴，還見幾個印尼婦人邊聊天邊洗衣服，大家互換眼神，一致覺得此處不宜游泳，只好回頭另覓他處。

一回到鋸木廠，印尼典型的午後雷陣雨又「嘩哩啪啦」地灑下來，這時，熱情的僑胞邀請大夥到宿舍喝杯熱咖啡，我們不但喝出咖啡濃郁的香味，也喝出他鄉濃厚的人情味。

Tokorondo島的風情是這趟印尼之行最棒的！藍藍的天空，清澈的海水，讓人忍不住想擁抱這片大自然。

我、小東和「蘆筍」相約帶著救生衣，搭舷邊的獨木舟（類似小舢板，當地工人將它繫在舷邊，讓我們隨時可以出遊），找到一處潔白的沙灘停下來，隨後大副、小顏也游過來，船長和水手長則搭船而來，連當地純樸的印尼人也圍過來，頓時海灘熱鬧無比。

輪機長叫他們帶些椰子過來，椰子奇大無比，椰肉又香又甜，一個才一百盧比，大夥邊吃邊玩，不亦樂乎！

我和水手長潛入海底取些珊瑚，同時也抓到一隻非常漂亮的海膽，打算帶回去當標本。

回到岸上，剛好有一隻大竹筏，上面用竹籐及椰葉編個大棚子，坐上去，身體下半身全浸在清涼的海裡，溫煦的陽光如水銀洩地般穿過椰葉灑在身上，陣陣椰風輕輕柔柔

▲世外桃源般的小島。

拂過臉頰，遼闊的海水在陽光的照射下也活潑起來，飽覽島上迷人的風光之餘，我幾度懷疑這是人間仙境：綿延無盡的潔白沙灘，有人划獨木舟，有人潛水，有人作日光浴，有人悠閒地喝著椰汁，而與我們相伴的是大自然的靜謐，清澈見底的海水，熱情的陽光和與世無爭的村民……直到夕陽灑下金黃，將這片樂土渲染成另一種神秘的氣氛，大夥才呼朋引伴回家。

玩了一整個下午雖然有點累，但有機會到這世外桃源，心裡眞有說不出的舒暢和滿足！

在迷人的Tokorondo島停留四天之後，五月三日晚上八點半德群輪起錨開往poso結關，再開往Ambon載貨。

▲印尼的傳統市集。

Ambon是印尼這幾個島嶼中最熱鬧的一個，大概像台北的鶯歌鎮，但已經非常令人感動了，畢竟此地才有點市鎮的規模，據說從前的荷蘭人和葡萄牙人都曾經盤據這裡，所以才迅速發展。

鎮上有個漂亮的廣場，廣場中央有個小噴泉，周圍點綴幾家餐飲店，還有紅燈區，在經過幾處荒島之後，無疑這是個令人興奮的地方。

不過，除了鎮上之外，其他地方仍然令人怵目驚心。淤泥、爛葉、蒼蠅、髒臭，小東是這個月的伙委，他得穿過垃圾山才到得了市集買東西，而市集裡迎面而來的是令人窒息的垃圾，並沒因爲這裡比較繁華而有所不同。

在Ambon我們只待兩天，在預定的

開船時間，卻未見啓航動靜。

隨後水手長才解釋：這裡有一批工人要搭德群輪的「便船」一起到Mangoli島，他們受雇於某家工廠，要到島上工作一段時間。

他們一上船，這下可不得了，不但上了近百人，有些是新加坡華僑，有些是當地土著，大部分是島上居民，他們儼然一副出國旅遊觀光的模樣，個個手提旅行箱，有的還攜家帶「眷」，包括雞、羊。原來他們要到那兒殺雞吃、擠羊奶喝，我們聽了無不瞪大眼睛，露出一臉驚訝。

頓時，整艘船成了大雜院，工人、女人、小孩、貨主、雞羊，船長下令立刻挪出房間讓他們休息，但畢竟僧多粥少，很多人一床難求，而爲了表示歡迎，我們也將廁所打掃乾淨，把浴室打開讓他們使用，展現歡迎的誠意。

他們大概都第一次搭大船吧！一上來就到處參觀，一會兒摸這兒，一會兒摸那兒，我們雖然介紹過廁所的位置，但他們顯然不適應現代化設備，小孩急了，脫光褲子，兩手抓住船舷，屁股朝外，「噗、噗」拉起大便來，完全無視於旁人的存在。

德群「客輪」載著近百名的「旅客」，在風景優美的印尼海岸曳行一天後，順利將他們安全送到Mangoli，翻開海圖找了半天，原來是位於婆羅洲的右下方，爪哇島東邊的一個小島。

印尼的島嶼非常多，據說超過一萬三千六百個，號稱全世界最大的島國，從地圖上看，整個印尼群島就像掛在赤道上的綠寶石一樣。

印尼有千島國之稱，果眞不假！這一個月來老是在這些島嶼間鑽來鑽去，鑽得人都暈了。

船剛下錨，四艘交通船立刻靠過來，「旅客」們魚貫走下去，幾個華僑一再道謝，一再揮手致意，並邀請咱們改天到工廠去玩！

Mangoli雖有小市鎮的雛形，不過嚴格說來還是個荒島，人來到這種地方，也只好變些花樣玩玩。我們三劍客嘔心瀝血，花了一個禮拜所製作完成的「船」（實際上是以兩個五十加侖的油桶，再以木條、繩子固定），就選在Mangoli島下水了。

沒有彩球，沒有香檳，只挑個時辰由小東用吊桿將它吊入海中，再由我跳下去解纜，不料纜剛解開隨即翻船，因爲架在上面供乘坐用的木條太重，但小東說沒關係，這樣反而不容易翻船，只是變成浮在水面上的潛艇，所以身體只好泡在水中，一面釣魚一面享受海水的沁涼。

大副是個喜歡大自然的人，也與我們同行，只是他用游的，咱們用划的。大副越游越遠，而我們卻在原地打轉，雖然有前進的跡象，但「蘆筍」笑說：「別高興的太早，前進，乃水流形成是也。」我們三人就在水中胡搞瞎搞了一個多小時後，才「漂」了五百公尺，而此時大副開始回游，咱們見「划」也沒啥用處，就索性在水面上漂起來。

不知不覺已近黃昏，此時水流湍急，划也划不動，我們三個臭船匠只好「棄船」游回去，正打算脫下救生衣下水時，一艘快艇向我們飛馳而來，原來是大副回到船上看我們越漂越遠，於是偕同水手長開快艇來接我們，咱們拋繩子給他們，快艇卻拖得馬達直冒煙，難怪！連快艇都如此費力，更何況划回去。咱們三人只好跳下水游到快艇上，這下子拖得快多了。

現在，大家都知道我們乘浮筒出去，卻被「救」回來的糗事，眞是不好意思！可是一想到搭自己的「浮筒」出去乘風破浪，這種滋味可不是蓋的喲！

第二十三章

荒島上的天堂

一路往人煙罕至的叢林走去，我們戰戰兢兢，

邊走邊用開山刀披斬前面高約兩公尺的雜草，

一隻螞蝗「迸」一聲地叮上我的腳，

水手長見狀，立刻說：「趕快拔下！」

這一拔，血也跟著噴出來……

五月十日來到Tubang島，這個島嶼與前幾個大同小異，海邊是碧綠和寧靜，岸上則是原始叢林，船外風景優美，引人入勝；從香港、泰國一路向原始部落前進，我們享受到少有的荒島之美。

由於德群輪在Tubang島裝載木材的時間有一個禮拜之久，於是船長和輪機長決定以救生艇充當交通船使用。一早，輪機長指派二管、三管陪同大副、水手長等人先行試車（到海灣內繞一圈）並上岸探路，結果一切情況良好。

下午一點船長就讓救生艇準時出發，由於早上試車的那些人說：這幾天因爲下雨的關係，路面泥濘難行，除了一片茂密的叢林，就只有一家工廠、幾間員工宿舍和兩家雜貨店而已。所以我們決定到更遠的地方探險，小艇隨即開離母船（德群輪），航行不久就找到一處幽靜的海灘。

一大片雪白的沙灘在這荒島形成美麗的景觀，這裡的地形由淺而深，坡度不急，海底全是白晶晶的海沙（前幾個島嶼岸邊都是珊瑚礁），一陣陣微風，推擠著浪花衝上沙灘，浪花忽而前進忽而後退，一進一退之間像是回到台灣的白沙灣，聽說印尼的海沙還外銷新加坡、馬來西亞，用來做填沙，佈置海水浴場之用，眞是「百聞不如一見」。

離海岸線約十五公尺處有一大片椰子樹林，樹上結滿串串的椰子倒很吸引人，水手長隨即爬上去採了兩顆下來，打開一瞧，裡面雖然多汁，但不甜，只好轉往其他地方。

水手長帶著艇鉤、開山刀一路往人煙罕至的叢林走去，我們戰戰兢兢，邊走邊用開山刀披斬前面高約兩公尺的雜草，每走一步路就在草叢裡用力踩一下，唯恐毒蛇猛獸藏於其間，跳出來嚇我們。

水手長說：印尼的熱帶雨林，雖然氣溫高達三十七、八度，不適合人生活，卻是孕育動植物生長的最佳環境，經常舊葉未落，新芽又起，在這種環境下能開花的植物超過兩萬五千種。

穿過雨林，繼續前進。我們邊走邊留意有無可疑動靜，同時提防腳下會不會踩到蛇尾巴或吸血螞蝗，心驚膽戰地走了半個小時左右，一隻螞蝗「迸」一聲地叮上來，直咬我的腳，水手長見狀，立刻說：「趕快拔下！」這一拔血也跟著流出來，幸好我身上帶有手帕，得以止血。「還要繼續嗎？」水手長極富冒險精神，說要再走走看，而我們冒著午後雷陣雨，走進叢林探險的行動，像極了昔日美軍打越戰的情景，在一無所獲打道回「艇」之餘，還是覺得這趟叢林冒險很刺激、很過癮！

相對於我們的一無所獲，大副、二管、電機師可說是滿載而歸，他們提著一堆「綠芭蕉」回來，大概是「偷」來的吧！我們不甘示弱，也下去挖了幾棵小椰子樹準備種在船上，等全員到齊之後，由輪機長開小艇回船。

回到船上，未隨「遊艇」出遊的阿清正在殺龍蝦，他用五美金（當時約合台幣兩百元）買了十幾隻咱們台灣俗稱「火燒島龍蝦」的黑綠色大龍蝦，每隻都有三十五公分至四十公分長，重約一公斤，若在台灣一隻恐怕要兩千元，這下可給他賺到了，不過由價錢推測，也許大龍蝦在這裡的海域到處都是，所以才這麼便宜。

不管如何，大家決定吃阿清的大龍蝦大飽口福。只見他將龍蝦下鍋清蒸，拔去頭，切成三等分，每一份的龍蝦長約十公分，然後將蒜頭搗碎沾醬油，那味道真是好極了！

有了阿清大龍蝦的鼓舞，隔天中午下工後，我們一行十個人開著小艇前往附近盛產龍蝦及大海蚌的漁村出發。

雖然下著小雨，我們的遊興絲毫不減，沿途風景非常美，像未受外界污染的世外桃源，小艇採沿岸約三百公尺的距離航行，水底下盡是美麗的珊瑚礁，一群群色彩鮮豔的熱帶魚，盡興地遨遊於朵朵大型的海香菇旁，兩三隻小海龜看到我們則害羞的慢慢潛至深處，這時要是有一套潛水裝備該多棒呀！

小艇在平靜無波的海面上航行一個多小時後，終於來到有百戶人家的小漁村，一到達此地，就看到兩艘裝滿漁貨的小船，那是早上剛捕獲的魚，下午還來不及處理，便引來蒼蠅翩翩飛舞，不過看得出這裡的魚獲量確實很大。

一下小艇，我們立刻被當地土著包圍，那場景像是一群人漂流到荒島，引起當地的

▲潔白的沙灘與清澈見底的海水，是我們的最愛。

騷動一樣，他們圍在旁邊品頭論足，注意著我們的一舉一動，過了好一會兒，「人潮」才漸漸散去。

來到這裡，像是進入寶山，四周的海灘舉目望去都是少見的貝殼，當地人吃完海蚌之後，殼到處丟，整個沙灘上全是漂亮的蚌殼，大的小的各式各樣都有，他們見我們喜歡，從家裡拿出許多出來送我們，貝殼種類之多、色彩之豔、形狀之怪，令人目不暇給。

正在驚嘆之餘，一個土著拍拍我的肩膀，他把兩手放在頭上，比著「角」，大概是「鹿角」的意思，便示意他拿來瞧一瞧，結果輪機長眼明手快，居然捷足先登，立刻拿出三千盧比給他，果眞是鹿角，眞便宜！如果這對鹿角連整個頭骨好好整理一番，也許價值上百倍也不一定。問他還有沒有，他搖搖頭，不過回去拿了一個帶獠牙的山豬下額骨給我，但不收錢，大概是爲了表示歉意吧！

原本來這裡是想買龍蝦和海蚌的，沒想到卻意外賺到紀念品，眞有意思！

離開漁村回母船之前，我們找到長滿海草的淺灘下錨，大夥輪流下海潛入海底欣賞美景，這趟漁村之旅，也算滿載而歸。

回到船上，阿清又獻寶，今天他買一堆大海蚌回來，眞厲害！海蚌上面有海藻，需要花時間處理，在處理海蚌時我們才知道，爲什麼干貝（海蚌裡的貝柱）那麼貴，原來一個偌大的蚌殼內（約一個籃球大小）才有這麼一點的貝足（吸盤）和貝柱，阿清拿給我嚐，眞的好甜！好好吃！

剛吃完干貝，當地居民又上船賣挖自海蚌裡的珍珠，四個約一公分直徑的珍珠，要價十五萬盧比（合美金約一百五十元，約六千台幣），一來我們缺錢，二來不懂珍珠，只好作罷。

隔天恰逢星期假日，早餐沒有平常的西點（因斷糧之故），取而代之的是大廚親自調製的「法國鬆餅」，我們邊吃邊誇大廚的好手藝，他也挺高興的，聽說那天大吵大鬧的事就算了，大管原諒他，船長也不追究，就當沒這回事了。

吃過早餐，我帶著前一天土著送的山豬牙到控制室「加工」，正忙得起勁時，門開了，奇怪！今天休息怎麼有人進來，門一開，是輪機長，他也拿著昨天買的鹿角問我該怎麼整理，還眞有默契哩！我們兩人就這麼坐在控制室裡，一個磨獠牙，一個修鹿角，不曉得的人還以爲這控制室是藝品店的加工廠哩！

下午時分，小東正在餵鸚鵡吃東西，那是在孟加拉和當地人交換來的，平常我們沒事就餵牠們，可能前一陣子斷糧的關係，大家都忽略了牠們，很多鸚鵡都死了，現在籠子裡只剩兩隻，一隻活的，一隻死的，死的鸚鵡靠在活的鸚鵡身上，動也不動，似乎等待我們伸出援手，小東拿出木瓜和香蕉餵鸚鵡，餵完之後，便決定放牠出去，「大自然才是牠的家，待在籠子裡牠不會快樂的！」在場的人都同意，活的鸚鵡飛了，死的鸚鵡埋了，船上再也不養小動物。不是我們沒愛心，總覺得還是讓牠們回到大自然的懷抱才是對的！

赤道附近，晝夜等長，傍晚時分，天色漸暗，這時船上的氣笛大響，這是很不尋常的事情，跑去問輪機長發生什麼事，原來大副、水手長和小東三人去游泳，到了約定時間，船上派小艇去接他們，卻撲了個空，於是開船的人當下決定一起先去買珍珠再去接他們，就在游泳的人沒接回來，開小艇出去的人又不見蹤影的情況下，船長只好用氣笛呼叫對岸的工廠派快艇協助尋找，而船上也加派十名人力幫忙，連手電筒、擴音器和望遠鏡都出籠，一艘快艇和咱們的另一艘救生艇兩艘船共十餘人，找了半個小時才將他們安全帶回船上。

小東一上來就「秀」出一大包珠螺及貝類，那珠螺之大，在台灣從沒見過，頂蓋殼直徑約有兩公分，肉約有三個在海豐樓（民國七十年代萬華地區頗出名的海產餐廳）吃的珠螺大小，而撿到珠螺的地方正是我們第一天去的那個沙灘旁邊的礁石堆上。

這下子撿珠螺成了在Tubang島上最主要的休閒活動。但因前一天他們搭小艇出去，卻演變成搜救事件，今天船長決定不放小艇了！但這招似乎沒效，下午「蘆筍」和一夥人約我「游泳」過去撿珠螺。

游泳？船離最近的岸邊少說也有一海浬（一千八百公尺），何況又是來回，但「蘆筍」說很多人都要去，輪機長、水手長、大副、小傅等，我只好也軋一腳。

我和輪機長先游，並幫他護航（腰帶繫著兩件救生衣），大夥邊游邊講笑話，不知不覺就到了。就在離岸邊一百公尺處，我們發現海底盡是美麗如畫的珊瑚礁，怎奈一行人只有一個蛙鏡，只好輪流下去，倘佯在五彩繽紛的海底世界。

我們三個小伙子索性待在原地挖寶，底下的珊瑚群有紅的、白的、綠的，還有美麗的熱帶魚和海螺，眞令人目不暇給。輪機長他們三人則先行上岸撿珠螺，我們在熱帶魚的陪伴下在珊瑚礁中遨遊了半小時，飽覽海底風光之後，方才上岸進行這一趟的主題——撿珠螺。

撿珠螺的第一要件是眼力要好，否則那天生的僞裝色很難辨認，像我跟在輪機長和大副後面，往往撿的是他們的漏網之「螺」，六個人合力撿了半袋之多，由於邊走邊撿，離船越來越遠，現在要游回去，大概有一點五海浬（兩千七百公尺），但礁石難行，還是走水路回去，大夥游到一半發現，水流越來越湍急，而我一隻手拿著珊瑚，所以只能騰出一隻手和兩隻腳游泳，還要拖著兩件救生衣，游得十分辛苦。

沒多久，一片烏雲籠罩過來，豆大的雨點噼哩啪啦傾盆而下，頓時海面形成一片水霧，前面的人和後面的人都看不見彼此，只有德群輪的煙囪依稀可供辨位，眞是禍不單行。不過，在大風雨的海面上游泳倒是第一次，而眼睛貼在水面上看雨水打下來所激起的小水柱也是「奇景」一樁。

大雨下了將近一小時，終於在咱們離船約一百公尺處停了，阿清拿了繩梯從駁船上垂下來（駁船停在德群輪旁，佔了舷梯的位置），上船之後，頓時覺得全身虛脫，肌肉似乎不是自己的，從三點半游到五點，一個半小時乃生平第一次，再加上靠「三肢」游回來，我的鬥志像是歷經一場考驗。

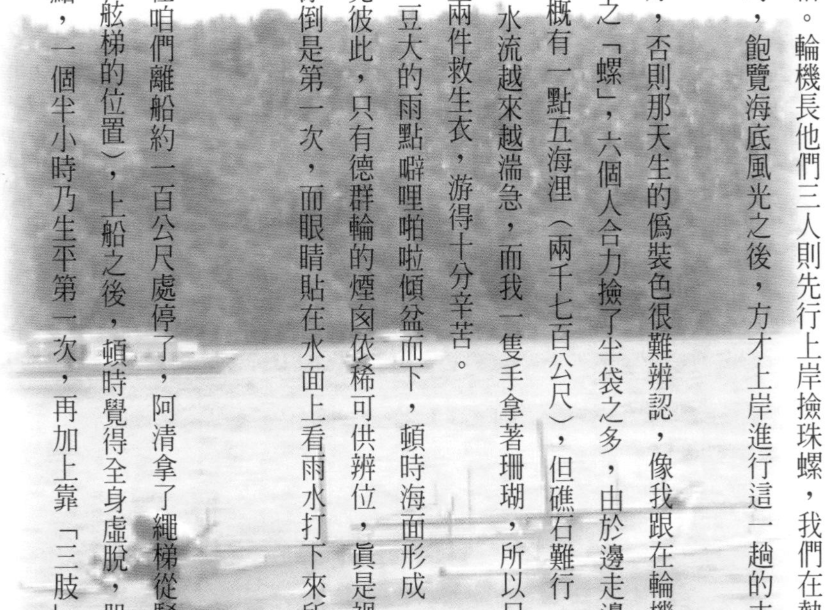

大家經歷了馬拉松式的游泳之後，沒人敢再提議抓珠螺的事。我們安分地待在船上，晚上七點半正準備當班之際，傳來一陣豬的哀嚎，水手長又準備殺山豬。這是第二次。

水手長磨刀霍霍，只見他手持尺把長的尖刀，說時遲那時快，白刀子進，紅刀子出，不一會兒就盛了一臉盆的豬血，比起上一次進步多了，原本想再繼續瞧他如何解剖山豬的，無奈當班時間已到，只得急急忙忙衝下機艙工作，雖然無法綜觀全程，但確定的是這幾天又有「山豬大餐」可吃。

到了機艙後，聽說一直在船上興風作浪的小劉將在新加坡被遣送回國，頓時工作興致高昂，而那「山豬大餐」就當是慶祝小劉離開特地加的菜吧！

印尼的裝貨行程在五月十八日結束，結束之前還得將工人送到Ambon才能到新加坡。

這一批「旅客」比上一批還糟糕，Cabin（住艙）外面的走廊讓他們睡不說，浴室也打開讓他們使用，但不知道他們因爲不識字還是歸鄉心切，竟都在廁所裡洗起澡來，他們大概好久沒洗澡了吧！洗了好久好久，一時之間，大人的吆喝聲，小孩的哭鬧聲，還有廁所裡傳來嘩啦啦的水聲，實在令人懷疑是否置身於「難民營」中，一個下午吵得大家無法入眠，出來一看，赫！洗完澡的人個個容光煥發，每個人換上幾個月來首次穿的新行頭，看到我左一聲「Friend」，右一聲「Thank You」，倒把我的火氣硬生生壓下去，只好眼不見爲淨地回房看武俠小說。

一路上，德群輪在一百三十五轉的快馬加鞭下，終於在晚上八點將工人及老弱婦孺送回家，留下一大堆的爛帳等著我們處理，甲板遍地的剩菜，走廊上盡是垃圾，還有東一堆西一堆的羊糞、雞屎，最慘不忍睹的是廁所馬桶蓋上都是腳印，排水孔都堵塞，以至於整個洗手間成了水鄉澤國，這下又有得忙了。

剛忙完清洗工作，公司發來電報說：「新加坡不去了，改在雅加達加油、加水，剩餘的貨要在印尼繼續裝完。」

完了！大家預定到新加坡補充放大洋的食品，如果直接開到雅加達補充油、水後直接開航，那麼根本沒機會下地。於是，今天大夥有志一同，全都下船，大部分的人都去「解脫」。

大夥向輪機長借了錢，一行人包了部小巴士，高高興興地出發，在平坦的柏油路面奔馳沒多久旋即變成泥巴石子路，只見老洪這個「識途老馬」一直面露笑容地說：「快到了！快到了！」

然而下了車，什麼也沒有。這會兒，老洪像導遊似的：「走，往這邊！」我們跟著他爬了十分鐘的石階，終於來到一處酷似「看海的日子」電影裡依山而建且面海的「紅燈區」，時高時低的巷弄內，迎面飄來劣質的香水味，這倒提醒我們「眞的到了！」

大夥找了一間設備較好的進去，卻在裡面遇到大管、報務、電機師、三副，還有幾個實習生，大夥各自挑選上眼的姑娘進去，並相約一起回船。

回到船上的最新消息是改到新加坡補給，大夥雀躍不已！

印尼的最後一站是Kotabaru島，德群輪預計花三天的時間載貨。雖然這裡依然遠離塵囂，依舊遠離文明，但沒多久就要離開這停留長達近兩個月的印尼，心裡還眞有點依依不捨哩！

從小到大，從沒看過生活步調這麼悠閒的地方，那麼友善的住民，那麼潔白的沙灘，那麼清澈見底的海水，沒有都市的吵雜，一切都那麼寧靜祥和，生就一副遠離塵囂的世外桃源樣，帶給我全然不同的視野。

再見了，印尼！

第二十四章

印度洋上

期待已久的新加坡終於映入眼簾。

德群輪兩個月以來第一次靠上碼頭，

穿條短褲、T恤漫步在沙灘上，

讓那沁涼的波浪一陣陣地沖在久失「文明」的腳上。

離開印尼海域，德群輪往新加坡方向駛去。

自從甲板裝貨以來，今天是第一次越過層層障礙到船艏。早上大管和電機師到甲板修二號吊桿，而液壓馬達的積水、積油，因洩水管的堵塞，以致於大量的油水混合物溢到甲板、艙蓋及貨上，大管打電話到控制室請求支援，輪機長便帶著我和下手提著化油劑和破布，越過層層小山，一旦碰到防水帆布，坑坑洞洞看不清的地方，就只好如空中飛人般走著只有十公分寬的船舷邊，手拉著station（舷邊貨物固定支架）與station間的鋼索，海浪不時衝上來，如果有懼高症的人，腿一軟不滾下去才怪！

化油劑倒犀利，沒兩三下就把油化得無影無蹤，再以消防水管夾著高壓海水的威力，甲板馬上清潔溜溜，只是大夥已成了落湯雞，幸好貨沒損傷，不然就糗了。

今天是五月二十八日，即將卸任的伙食主委三管找我和「蘆筍」交接，我們倆都信心十足，要讓大家瞧瞧我們的功力。

期待已久的新加坡終於映入眼簾。十點多上了領港後，德群輪即沿著那分開新加坡與馬來西亞的河道慢慢航行，兩岸的風景可說是美不勝收，有一棟棟蓋在半山腰的高級別墅，也有浮在水面的水上人家，旁邊有遊艇俱樂部，其中還有幾個金髮女郎躺在遊艇上作日光浴，咱們著實地讓眼睛飽餐一客冰淇淋哩！

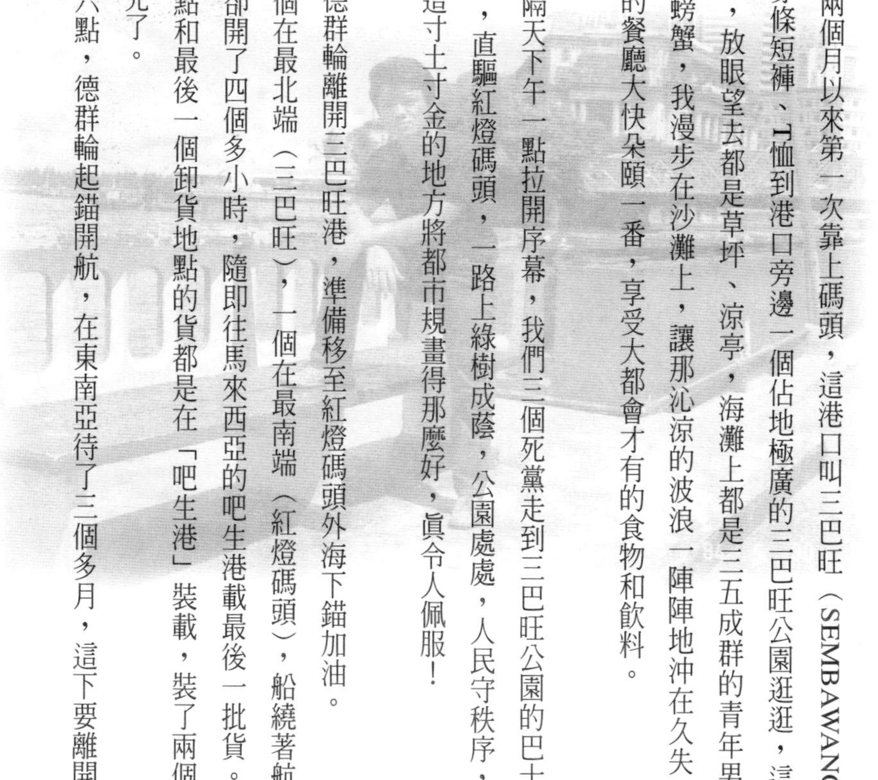

終於，德群輪兩個月以來第一次靠上碼頭，這港口叫三巴旺（SEMBAWANG，馬來文）。船一靠岸，穿條短褲、T恤到港口旁邊一個佔地極廣的三巴旺公園逛逛，這公園前臨海灘，後倚小山，放眼望去都是草坪、涼亭，海灘上都是三五成群的青年男女在戲水、做日光浴或抓螃蟹，我漫步在沙灘上，讓那沁涼的波浪一陣陣地沖在久失「文明」的腳上，也在這裡的餐廳大快朵頤一番，享受大都會才有的食物和飲料。

新加坡之旅在隔天下午一點拉開序幕，我們三個死黨走到三巴旺公園的巴士總站，隨即搭上161號公車，直驅紅燈碼頭，一路上綠樹成蔭，公園處處，人民守秩序，街道整齊清潔，他們能在這寸土寸金的地方將都市規畫得那麼好，真令人佩服！

五月三十一日德群輪離開三巴旺港，準備移至紅燈碼頭外海下錨加油。

兩個地方，一個在最北端（三巴旺），一個在最南端（紅燈碼頭），船繞著航道走，雖然新加坡不大，卻開了四個多小時，隨即往馬來西亞的吧生港載最後一批貨。這個航次的第一個卸貨地點和最後一個卸貨地點的貨都是在「吧生港」裝載，裝了兩個多月的木材，終於全部裝完了。

六月三日下午六點，德群輪起錨開航，在東南亞待了三個多月，這下要離開，真有點依依不捨。

▲端午節加菜（左一為小傅、左二為水手長、右一為小顏）。

離開東南亞的第二天，正是端午節，所謂「每逢佳節倍思親」，吃過飯，小東拿出女兒的照片出來，這會兒我們才知道，原來小東「結婚」了。

「很可愛喔？」小東對著女兒的照片愛不釋手。

她是去年十二月十二日出生的，也就是我們上船的第二天，剛到日本餔摩港的時候。

小東畢業前就結婚，對象是母親「精挑細選」的「同事」，她和他母親在同一家髮廊上班，他母親見她懂事乖巧，年齡又與小東接近，於是安排他們約會，沒想到一見面兩人就看對眼，談戀愛、結婚、生子，一切順理成章，只是跟大夥在一起，他的身分顯得高一等，因爲他現在是當爸爸的大人了。

小東說了自己的秘密，也洩了「蘆筍」的底。

原來「蘆筍」從小有「胃寒」的毛病，所以肚子穿著肚兜，活像個三歲的小娃娃，在印尼天氣太熱，他一直不敢打赤膊，後來才被小東發現。

聽說穿肚兜是爲了「保暖」，但在印尼熱得要命，怎麼需要保暖？從此，「蘆筍」卸下穿了十幾年的肚兜，「你看，肚兜不見了！」小東掀開「蘆筍」的衣服，果眞如此。

我和「蘆筍」一心想把伙委做好，當然十分希望大廚多加配合，不過，大廚的年紀不是我們叫得動的，我花了點心思，請水手長和許大幫忙說些好話，終於，睽違已久的包子、饅頭、豆漿一一呈現眼前，喝著熱騰騰的豆漿，眞感激他們倆的鼎力協助，因爲是他們答應幫忙磨豆漿大廚才答應做的，總之，眞是給足我們伙委面子。

有了包子、饅頭的經驗，我們信心十足。

隔幾天，我們動用廣播器：「各位同仁，今晚大師傅將爲我們準備水餃大餐，有空的人請到二樓幫忙包水餃，謝謝！」剛放下麥克風，各路英雄好漢齊聚二樓，桿皮的桿皮，包餡的包餡，忙得不亦樂乎！

一個多小時後，一盤盤熱騰騰的水餃上桌，只見大夥一個接一個猛吞，廚房也一盤接著一盤地端出來，吃得大家滿頭大汗，大呼過癮！希望很快能讓大家再換換新口味。

六月十三日，印象中風和日麗、平靜無波的印度洋，卻在六月季風的肆虐下變得極爲「潑辣」，比上一次渡太平洋遇到的風浪更大，更凶猛，海浪三番兩次沖到甲板上，木材全都濕了。

不過還好這次載的是木材，重心較高，船晃的週期較慢，要是像上一次載鋼板，大家一定又吐得七葷八素。

因爲季風的關係，原本一天跑三百二十海浬，現在卻只能跑兩百一十海浬，把燃油閥開至一百三十轉的位置，奈何也只能跑個一百一十轉，在每小時六、七浬處打轉，以這樣的速度，不少人開始放長線釣大魚，乖乖！還眞給他們拖了些魚上來。

這一整天，德群輪仍做十五度的Rolling和Pitching，老實說，這種搖晃對初次上船的人來說很難適應，我們卻已經習慣了它的搖晃，環顧四周的夥伴們，吃東西的吃東西，聊天的聊天，工作的工作，絲毫不受大風大浪的影響，我終於體會到，人的適應能力是很強的，至少，面臨放大洋的考驗足以證明這點。

盤算航程，大約再一天就可以到達紅海，只要進入它的海域範圍，屆時就可以脫離苦海了。

第二十五章

神秘的中東

遠處陸上漫天黃沙，沒有綠意，

一片沙漠伸展至盡頭，沒有涼風，

海面是那麼的平靜，沒有波紋，

只有迎面而來的「熱」空氣幾乎令人窒息。

一覺起來，船不搖了，打開窗簾往外一看，哇！多麼亮麗的天空，多麼湛藍的海水，此時左舷有一艘汽車船與咱們並行，走到舷邊看風景，只見遠處陸上漫天黃沙，沒有一點綠意，一片沙漠伸展至盡頭，此時沒有一點風，海面是那麼平靜，但迎面而來的「熱」空氣幾乎令人窒息，再走到駕駛台，原來那是非洲東北部索馬利亞（SOMALIA）北部的小半島，不知不覺我們已經到了非洲。

大自然就是這麼神奇，昨天船體還作十五度的**Rolling**和**Pitching**，今天進入亞丁灣，海面卻風平浪靜。水手長解釋道：這是亞丁灣被半島遮住之故。不過太奧妙了，之前還掀起滔天大浪，現在卻截然不同，船速也立刻從原先的六、七海浬一躍爲十三海浬，我們都承認，船在這種海域航行是種享受，如果我們能忽略外頭的熱風和乾燥氣候的話。

輪機長說：如果沒有意外，晚上應該就會通過紅海的狹口，到了紅海就代表到了中東，那麼再過一、兩天就可以見識到沙烏地阿拉伯的廬山眞面目。

不過，尚未抵達中東，眼前的熱空氣卻讓人印象深刻。

這裡儼然是另一個世界，天氣熱不說（孟加拉也一樣熱），而且空氣十分乾燥，外面溫度有三十多度，但沒有風，所以感覺氣溫更高，而機艙內溫度更高達四十六度，通風口抽進來的都是熱風，出去一趟再進來，連內褲都濕透了。控制室因有精密的儀器，溫度控制在二十六度，一進控制室，一股沁涼襲來，一出控制室，一股熱浪逼人，氣溫相差了二十度，一冷一熱之間讓人快抓狂。

聽說到沙烏地阿拉伯的吉達（JEDDAH）港，機艙的溫度會竄升到五十度，眞不敢想像。

天氣乾燥，氣溫酷熱，我們歷經前所未有的體驗。首先是頭髮全變得乾乾硬硬的，所以也只好求救老洪，跟他要些潤絲精；另外，晾在走廊上的衣服，不到三十分鐘全都乾了，這回不用「漿」，衣服也會「酥酥」的，還有，船上的啤酒銷路創下上船半年來的新記錄。

此外，乾燥的氣候也導致「靜電」頻傳，穿件衣服，「嗶哩叭啦」響個不停，梳個頭髮也是，連開個冰箱都被電到，在晚上，經常可以看到靜電所發出的火花。有趣的是，穿著尼龍衣服的人，一穿上去，沒多久就黏在身上，像有一股神奇的魔法，處處充滿了驚奇。

「他，誰呀？」

剛說完，眼前就出現一個驚奇，這是除了天候現象之外，人的驚奇。

他穿著一身棕色阿拉伯長袍，戴著眼鏡，那模樣告訴大家：「阿拉伯到了，這裡太陽大，非靠墨鏡不可。」

「好像是船長喔！」小東用懷疑的口氣，肯定地說。

我和「蘆筍」一聽「船長」，不禁「噗嗤」笑了出來。我們和船長很少打交道，他也很少出現在我們面前，沒想到他「不鳴則已，一鳴驚人」，果然是他。

那衣服還真有阿拉伯特色，我們互相推對方去問那衣服在那買，後來三人上前一起問，沒想到他十分親切。

歷經十七天的航行，六月二十日終於來到這個因石油而致富的國家——沙烏地阿拉伯，而前面的「熱身」讓大家提早認識她。

兩岸觸目所及全是沙漠，偶而才看到一點綠洲，好久才看見一間小房子，小房間像是用石頭堆起來的黃土色泥磚，還有一些耐旱的棕櫚樹，只要有車子開過來，遠處就見泥土飛揚。

沙烏地阿拉伯的面積約有兩百五十萬平方公里（相當於台灣的七十倍大），這裡極度的乾旱貧瘠，到處是沙漠，滿佈岩石的平原，沒有永久性的河川湖泊，只有些點綴在沙漠的綠洲中，所以可耕地只有百分之一，夏季白天的氣溫高達四十九度，夜晚才會下降，這樣的氣溫堪稱全世界最酷熱的地區。

這不禁令人懷疑：如果沒有石油，在種不出任何東西的沙漠，物資嚴重缺乏，是否還有今天的富足？

但不可否認的，石油讓沙烏地阿拉伯搖身一變成爲富裕的國家，全球已知的石油總量中，四分之一藏在東部低地哈沙（Hasa）及波斯灣的黃沙與岩石下。

然而，有錢眞能使鬼推磨嗎？

五點二十分，在一名英籍領港的引導下，德群輪進入二十三號碼頭，這裡清晨已經有不少人在工作，金錢的力量果眞奇大無比。

此地對船員登岸有嚴格限制，不在規定的時間內不准下船，而船舷旁邊的更位就站有兩名士兵負責看管船員的行動，連在碼頭散步也不行。聽去年來過這裡的老船員說：以前的士兵還攜帶衝鋒槍，如臨大敵般看著舷梯，令人百思不解。

如果要登岸，必須辦shore pass（港區通行證），辦shore pass需要一張兩吋照片，而且時效只有一天，每次只限三小時，隔天作廢，一次下船名額限制十人，擺明不希望有人下去，既然如此，只好留在船上看電視。

這裡的電視廣告實在難看，如果推銷一個產品（例如礦泉水），那麼「礦泉水」三個字便排成一列，字體不停地閃動，它是藉著閃動來增加消費者的記憶，而且廣告沒有旁白，只有那一百零一首的單調背景音樂，廣告製作毫無創意可言，這逼得我隔天也想辦個shore pass下去走走，否則光看電視也不行。

看完電視回到房間不久，就有人敲門，打開一看，正是卸貨的韓國籍工人，他比著要喝酒的手勢，渴望地說「whiskey--whiskey」，這種要求令人難以拒絕，只好倒一杯威士忌給他，沒想到他像「久旱逢甘霖」似的，一口氣「咕嚕咕嚕」地喝完，然後用「乞求」的眼神再要一杯，並用手比著「一」，意思是「拜託！拜託！再一杯就好了！」這裡禁酒，但他用生硬的英語說：「我已經三個月沒喝到酒了！」，我深表同情，剩下半杯的量，只好全部倒給他，他喝完後猛鞠躬道謝。

他離開沒多久，房門又響了，這下可好了，他另外帶兩名工人來。他們表示不願意佔我便宜，想拿錢來買，但我沒酒可賣，因爲一到這兒，庫房就被海關人員封關了，之前請他喝的是端午節加菜時留下的。

他們怯生生地問：「可不可以進來？」我答應，他們脫下鞋子，小聲拎著鞋走進來，爲了怕被別人看到，一進來就把門鎖上，之前進來的那個人問：「可不可以請他們喝一杯？」老實說，只剩下桌上這一杯了，他們三人同時做出「給我、給我」的手勢，讓人哭笑不得。

隔天，他們又來敲門，我立刻說「no whiskey」，他們搖搖手，然後抱一大罐泡菜來，猛說「thank you」、「for you」、「泡菜」，就在我拿下泡菜準備關門之際，他們順勢將門一擋，然後再用極不好意思的口吻問：「還有沒有酒呀？」

這下，只好借花獻佛，拿一些泡菜到水手長房間跟他要一瓶酒給他們喝，他們高興得說不出話來，水手長好心，喝完酒後，請他們洗個澡、刷個牙再出去，免得被查出來。

沙國政府限制外人前來此地，原因是他們已經擁有巨大的財富，無須靠觀光客獲得外匯，因此他們准許我們觀光三小時，大概算是特別的恩賜吧！

吉達港區非常大，規畫之好、設備之新穎，連美國、日本這些先進國家都要瞠乎其後。

原本想像中的吉達只不過是浩瀚無垠的沙漠中的一個綠洲，誰知道竟如此的進步和繁榮，街道上名牌的轎車川流不息，四周人潮洶湧，除了外國人之外，清一色都是穿著傳統阿拉伯長袍的當地人，蔚爲奇觀！

儘管沙烏地阿拉伯靠石油帶來財富和豪華的現代化生活，但這裡仍是一個十分保守的國家，百分之九十九以上的回教徒，每天在固定的時間，都得面向「聖地」麥加跪地朝拜並吻地祈福。

六月二十二日星期五是「安息日」，也就是祈禱聖日（像基督教的禮拜天一樣），回教徒在每個星期五都要上「清真寺」，所以商店休息，信回教的工人休息，連代理行也放假。

六月到沙烏地阿拉伯來應該不是個好消息，因爲六月是他們的「齋月」，老百姓白天不能進食（除了開水之外），一些交易行爲也必須停止（除了外商公司），一直到太陽下山，商店才開始買賣。

吉達的市中心仍保有一些以前留下的建築物，像一千零一夜的洋蔥式屋頂，還有一些戰爭時期留下的斷垣殘壁，此外，鋼筋水泥的高樓大廈到處林立，而商店所賣的東西比香港、新加坡貴，看得出當地人民的生活水準。

但這裡最吸引人買的要屬香水和絲絨，尤其香水，堪稱全世界最便宜的，據說便宜的原因是阿拉伯人的體味特別重，香水必須用「倒」的才能驅除異味；另外是德國進口的絲絨，我買了香奈兒五號和十九號的香水好幾瓶及一塊五條線絲絨（絲絨最外層的布有記號，以白色的邊表示品質，五條白線邊是最高級的），另外也買了幾件阿拉伯式的長袍。

走在市中心，我們遇到一票當地人，他們喝著紅茶，抽著水煙。煙管大約兩公尺長，像水管一樣，裡面塞著煙草，煙管最底層裝有水，他們就坐在路邊一個人抓一支管

▲平時不抽煙的小東，在這兒也躍躍欲試。

子抽起煙來，管子外面還用漂亮的絲絨包起來，管子的頭可以換，抽完煙之後，可以拔走，像吸管一樣，坐得再遠抽都沒關係。不論公園旁、商店門口，隨時隨地都可以看到抽煙的人潮，但抽這種煙需要付錢，店家準備煙管，按時計費，當我們好奇看他們抽煙時，他們用手招呼我們過去，還教我們怎麼抽，我平常也抽煙，但在那兒吸一口就嗆住了，還眞濃哩！

商店旁邊也賣「沙威馬」，生平第一次吃沙威馬竟然在沙烏地阿拉伯。沙威馬眞好吃！裡面包著羊肉（台灣的沙威馬大部分包雞肉），一大塊的羊肉放在中間烤，麵包嚼勁十足，有點像烤法國麵包但沒那麼硬，麵包上面沾有羊油，也放在中間烤，等麵包香味四溢時，再切些羊肉放在中間，灑些洋蔥、佐料，每一樣東西都色香味美，那麵包之大，吃一個就飽了。

不過，這個號稱全世界首富的國家在精神和物質方面甚爲缺乏，什麼都禁，不能喝含有酒精的飲料，不能吃豬肉，更不能隨便跟女性聊天。

這裡的女人除了幫男人生孩子外，什麼也不能做，倒不是她們的能力差，而是婦女在沙國的地位之低，令人難以想像。這裡結過婚的女人大都用黑紗遮面，未遮面的大都是來自外國的朝聖者或未出嫁的少女，其中不乏國色天香之流，只是無法一親芳澤，除非甘冒被石頭砸死的極刑（聽說在此地如果有婚外情，會被押到廣場，被人用石頭砸到死爲止）。

在沙國的最後一天，我們三劍客把在此地買的一些當地服飾，通通穿戴起來亮相，令大夥捧腹不已！尤其「蘆筍」，走到哪裡像哪裡人，他一穿上阿拉伯長袍，戴上太陽眼鏡，沒有人說他不是阿拉伯人，這傢伙在印尼和馬來西亞也常被認爲是當地人，還有不少土著跟他交談，也許他必須去尋尋根，看祖先到底是何方神聖。

閒聊中，老洪透露，昨天到市中心「解放」過。這在沙烏地阿拉伯眞是令人震撼，

▲穿上當地服飾，「蘆筍」（中）活像個阿拉伯酋長。

大夥忍不住圍過去問：「怎麼可能？」

老洪說：逛市集（就是我們看人抽煙的地方）時，一個當地人帶他去的，老洪形容的「那個地方」像是走迷宮般複雜。先到一個跳肚皮舞的酒吧，再從酒吧後門的巷子走出去，轉過另一個小巷子，走完小巷子後，再爬石梯，爬到別人家的二樓天台，天台對面有鐵門，過了鐵門再走下來，總之，他就跟在當地人屁股後面走，如果照原路回來，他肯定迷路，於是他付錢給帶路者，要他在外頭等，等辦完事再帶他出來。

原本這是沙烏地阿拉伯的禁忌，沒想到老洪居然可以通過重重關卡進入禁區，真令人匪夷所思。

既然私闖禁地，想必收穫不少。

老洪說：那裡的女人沒有陰蒂，那算是成年人的「割禮」（女人割陰蒂，男人割包皮），聽說女人割了陰蒂比較不容易興奮，比較不會胡思亂想，也不會有外遇，但男人在這裡卻可以娶四個老婆，真是「男女有別」。

隔天早上十一點，德群輪離開吉達，由蘇伊士運河進入地中海到歐洲，從吉達到蘇伊士運河的入口（紅海端），大概需要兩天，而排隊通過運河需要一天的時間，如果排隊等的時間過長，還可以到埃及玩玩，到時候就可以看到金字塔、獅身人面像……，挺不錯的哩！

▲再會了！沙烏地阿拉伯！

第二十六章

蘇伊士運河的奇景

他們的功夫實在了得，速度之快，動作之靈活，

完全出乎意料之外，他們強行登船，

一兩分鐘之內，德群輪就被一大群「海盜」佔領……

二十三日德群輪離開沙烏地阿拉伯進入紅海。

清晨四點下班，回到房間不經意往外一瞥，卻發現窗外亮如白晝，仔細一看，原來是油井和鑽油平台，他們直接在海上搭設鑽油平台抽石油上來，平台的最上方冒著熊熊火舌，放眼望去，海上的平台多得數不清，密密麻麻的，火舌將紅海點綴得光芒萬丈。

我了無睡意，步上駕駛台看個過癮。一上去，乖乖！整個海平面佈滿了油井，德群輪在紅海裡鑽來鑽去，我們採沿岸航行，這時距離非洲大陸的埃及本土約五海浬，慢慢出了海灣，海灣外一片黑暗，只有航道是亮的，漸漸的黎明來臨，四周景色轉爲清晰，只見到處都是光禿禿的黃沙，絲毫沒有一點綠意，如果一路沒經過油井和鑽油平台，誰會知道這裡的石油蘊藏量竟如此豐富？

德群輪繼續前進，沿岸的山脈拔地而起，氣勢雄偉，有如鬼斧神工般的精雕細琢，沿著岸邊聳峙著，尖銳垂直的稜線，怪石嶙峋如「火燄山」般的光禿禿，這就是印象中的埃及。

下午四點，德群輪進入蘇伊士運河的入口——蘇伊士城，船在領港的帶領下於蘇伊士灣內下錨，船尚未定位，不知從那冒出上百艘埃及人自己開的小艇，他們比檢疫局、移民局、海關等單位先行上來，兩人開一艘，快速地貼近我們，德群輪的主甲板約有三層樓高，他們一人開船另一人則用小艇上的桅桿（附階梯）爬上去，爬到最頂端，然後整艘小艇就晃呀晃的，晃到我們船邊時，就精確的對準船上的舷邊，手搭住我們的船，然後迅速跳上來，大家看了全都傻眼。

他們的功夫實在了得，速度之快，動作之靈活，完全出乎意料。他們強行登船，在一兩分鐘之內，德群輪就被一大群「海盜」佔領，他們一上來，臉不紅氣不喘地說要收購報廢的鋼纜、繩子、木板等雜七雜八物品，下船轉售給他人。

其實大家心裡很清楚，他們是來做什麼的。這時大副和水手長出面告訴他們，這裡沒有那些東西，請他們下船。這群人皮得很，說不走就不走，還死皮賴臉地躺在甲板上，我們的船繼續往前走，他們的小艇則緊跟在側，「海盜」陸陸續續上船來，有人潛入二艙，有人到交誼廳，儼然這裡是他們的地盤。

船長下令所有沒值班的人全部集合，任務是不擇手段的將「海盜」趕下船，但他們怎麼可能輕易就範，我們先是好言相勸，再用推的，他們的把戲也不少，一碰他，他就說你把他的手弄斷了，我們看這樣也沒辦法，只好告知他們，若不下去我們就直接把人「丟」到海裡，沒想到他們居然回答：「嗨！我們會游泳哩！」眞是氣死人！

▲瞭望甲板視野極佳，是飽覽風景的最佳地點。

最後，我們只好秀出水手刀，示意他們：「再不下去，小心殺你們喲！」這下他們才心不甘情不願跳下船。

蘇伊士運河位於埃及東北，西奈半島之西，運河全長一百六十八公里（約九十三海浬），呈南北走向，南方的進口為蘇伊士城，北方出口為塞德港，銜接亞洲（紅海、印度洋）與歐洲（地中海），在西元一八五九年由法國人開鑿，歷經十年才完成，後來英國設法取得運河的控制權，一九五四年開始交給埃及。蘇伊士運河的建立確實為亞歐航運省去數千海浬的航行水路，因此蘇伊士運河每天都非常忙碌，它的建立算是航運界的一大創舉。

為了過蘇伊士運河，船長準備了約三十條香菸、二十瓶酒招待海關、檢疫局、港務局、移民局，聽說連領港都有，若是沒招待的話，他們就不

▲船隻排隊航行於蘇伊士運河。

安排進港，那就只有慢慢耗的份。放眼望去，只見一兩百艘大大小小的船等著進港，再注意那些官員的一舉一動，果然每個人下船時都帶著大包小包，跟之前的「海盜船」沒什麼兩樣。

咱們的船被分配第二批進港，早上九點多stand by，一一排隊魚貫地進入河道。排在我們前面的是一艘中國大陸商船，排在後面的是兩三千噸的雜貨船，河面約兩百公尺寬，中間有幾個湖泊及雙向道可供交會，整條運河呈單向道交通，有同時由南往北開或由北往南開的船，對方來船則在較寬廣的河面上下錨，等另一方的船隊通過後再行通過（有點類似咱們以前蘇花公路的車輛管制型態），它縮短了地中海和印度洋之間的航運距離，所以在二次世界大戰時，乃兵家必爭之地。

運河兩岸大都是黃沙滾滾的荒漠，有時可在沙

▲運河兩岸隨處可見「以埃戰爭」後，所遺留下來的廢墟。

漠中看到幾個斷垣殘壁的城堡及房舍，大都是「以埃大戰」留下的「紀念品」。埃及這一側的荒地經過政府規畫多年，略有市鎮的規模，附近也因特別改良土質而有些綠意。反觀西奈半島這一側，以色列剛還給埃及不久，就因在烽火戰亂中元氣消耗過多，以至於處處荒涼。

在運河航行半天，終於到了塞德港，河道領港下去後，港區領港馬上上來交接，隨即開離埃及，進入地中海。

地中海在亞洲、歐洲、非洲中間，是世界最大的內海，也是亞洲和歐洲的主要水上交通線，船進入地中海海域，表示歐洲在望，水手長說：「應該再十天就會抵達法國。」我聽了十分雀躍，一來浪漫迷人的法國是我們嚮往已久的國度，二來下個月就值四到八點的班（這時段的班被譽為「下地班」，早上八點下班正好趕交通車（船）出去玩，玩到下午四點回來接班，晚上八點下班，吃個飯，正好趕上當地夜生活），相信在這段值班時間的「恩寵」下，必定可以好好遊歷歐洲一番。

在地中海航行比渡太平洋、印度洋舒服多了。

六月的最後一天，好夢當頭，突然警鈴大作，是棄船的訊號，睜眼看一下船鐘，剛好九點，「求生、滅火」演習開始，馬上就要到歐洲了，只有到歐美地區我們才會演習。

一骨碌爬起來，洗臉、刷牙在短短一分鐘內迅速完成，包括穿衣、戴安全頭盔、著救生衣，衝到機艙拿應急工具，再到一號救生艇上報到，前後不到三分鐘，算是相當快。這種演習就是要逼真，嚴格要求自己，切實做到分秒必爭，使傷害減到最小，也算為自己的生命提供最佳保障。

迅速演習中，許大卻缺席，聽說他在甲板工作時閃到腰，已經躺了兩天。而實際的原因是「胃痛」，一走路就臉色蒼白，水手長這幾天都偷偷到廚房煮稀飯給他吃，大家瞞著船長，不敢讓他知道，因為在船上，如果因身體不適而無法工作，有被遣送回國的可能，許大擔心萬一船長下令讓他返國，將來可能無法跑船，所以大家也幫忙瞞著船長。

不過，大副不知道怎麼想的，卻叫小東油漆醫務間，難道他要讓許大住進去？我們都到船頭許願：如果許大早點康復，要以三牲五禮答謝老天爺。

隔天，許大奇蹟式復原，走路、工作都沒問題，於是水手長帶領甲板部全體同仁帶著雞、魚、豬肉、罐頭、菸、酒和香到船頭拜拜，我平常跟他們的交情很好，也就隨著他們，浩浩蕩蕩，大包小包的「翻山越嶺」①到船頭祈福一番，好久沒有拿香拜拜了，而且船上眞有香和蠟燭哩！

晚上，許大和水手長這兩個「哥兒們」又在廚房忙進忙出，大概要拿中午拜的三牲五禮祭祭大家的五臟廟吧！

備註：

①本航次的甲板上都裝載了大大小小欲運往歐洲的木材。

第二十七章

朋友還是敵人

衝著我們倆都是輪機部同事的份上，跟老王好言相勸，

沒想到他竟口出穢言並捲起袖子，一副作勢要打架的模樣，

我的脾氣立刻被他激了起來，衝過去就是一拳……

▲地中海的日落。

七月一日，德群輪航行到義大利南部。

值回四到八點的班，再度與大管狹路相逢，上一次是三個月前，那時跟他還水火不容，時間過得眞快！現在我們卻若無其事地閒話家常。

「我覺得頭髮實在太長了。」

「嗯！眞的很長。」我認眞端詳他的頭髮，確實有同感。

「熱！」大管抓抓頭，一副很受不了的樣子。

「要不要幫你剪頭髮？」

大管毫不猶豫，一口答應。

這一陣子，在「蘆筍」的耳濡目染下，我的剪髮技術不敢說突飛猛進，卻值得信賴。

大功告成，大管對著鏡子，頗為

滿意，直說：「好看，好看喲！」還拍拍我的肩膀以資鼓勵。

果真「多個朋友總比多個敵人好」。

下了班，我也找「蘆筍」整修門面，就要到法國了，不準備一下怎麼行呢？

剪完頭髮，沖個冷水澡，便直上二樓。今天心情特別好，和小東各煎一塊從印尼來的山豬排，許大、老洪、「蘆筍」也準備了些小菜和酒，大夥吃喝起來。酒過三巡，大夥喝得正爽時，老王進來了。

老王在船上一直不受歡迎。原因之一是小氣，原因之二是脾氣不好，再加上他山東個頭，若打起架來我們鐵定輸，所以大家都對他敬而遠之。

「啊！喝酒？怎麼不找我呢？」

現場因老王的存在，歡樂氣氛立刻下降一半。

在二樓，我們飲酒作樂，另一些人則聽錄音帶，也有人收看義大利節目。他看到大家有吃有說有笑，心裡非常不是滋味，於是大聲嚷嚷說：「把音響關掉，我要看電視。」他這一吼，把我們給惹毛了，是咱們先到二樓的，音響、電視也是咱們開的，憑什麼你說關就要關，更何況老王連國字都看不懂，難道看得懂義大利文？

大家不理老王，他見大夥沒任何動靜，一個箭步上去就把音響關掉，這下我也看不下去了，衝著我們倆都是輪機部同事的份上，便跟老王好言相勸，沒想到他竟口出穢言並捲起袖子，一副作勢要打架的模樣，我的脾氣立刻被他激了起來，衝過去就是一拳，讓他知道飯可以亂吃，話可不能亂罵，在船上也得講道理，不能老是倚老賣老。老王一個踉蹌，水手長、許大一人拉我一隻手，老王則破口大罵三字經，大夥見狀亦指責老王的不是，老王見勢單力薄才漸漸封口。

「今天不打你，我叫老軌（輪機長）出來評評理。」這下老王差點沒嚇得屁滾尿流。一到大檯，只見我義憤填膺地說個不停，老軌不知那根筋不對勁，跟船長、報務主任、小顏自顧自的繼續玩「拱豬」，忙著思索手上的牌該如何打，壓根沒心思聽我抱怨，反而是報務主任應付式地說：「你就不要跟他一般見識嘛！」氣得我快抓狂。

這一陣子船上呈「無政府」狀態，原本船上禁止賭博，自從經過新加坡之後，「麻將風」就開始流行，風聞是大管在新加坡買了一副麻將之故，雖然他行事低調，但仍嗅得出蛛絲馬跡。

首先大管的房間經常有人出入，他的寶貝學弟小戴、小胤也經常三更半夜才回來，而我跟大管值同時段的班，每次看他值班就像熊貓一樣，眼圈都黑黑的，嘴裡常喊著：「好累喲！好累喲！」

另外一個跡象是，四點當班的人通常半小時之前就要接班，大管以前很準時，三點半下來，現在卻四點才來，每次下來都戴著一頂鴨舌帽（因爲他的頭髮稀疏），一副無精打采的模樣，於是我故意套他話。

「咦！最近好像常常在房間加班喲！」

「你怎麼知道？要不要一起來？」

果然不出所料，大管一一招供：下午十二點到三點半，晚上八點到十二點各有一場，有時還「加班」！

自從我上船之後就沒碰過麻將，這次好不容易逮著機會，怎麼可能輕易放過，於是和大管、三副、三管十二點半不到就集合。打三塊一底的，再對插一底，等於玩九塊一塊的，相當於台灣打三百五十元——五十元，這數目是不小，但總得入境隨俗，八圈只摸到西風三（第三把）就要當班，結果我猛連莊，連到四才被拖下去，一算只輸八元，不算輸啦！

打過「麻將」後，我跟大管的關係明顯改善，相對的膽子也來了，下午當班時，就對他說：「大管，現在你當班喔！我去做點東西。」

「你幹嘛？」

「去做牌尺，你們沒牌尺怎麼打呀？」

「喔！好好好，你儘管去做！我來當班！」

隨後找了四根小木條，做了四根牌尺。下班後就被牌搭子拉去繼續打。

不過，瘋狂大賭之後，我慢慢收斂，不是從良向善，而是快到法國了，到歐洲用錢的機會很多，到時候如果錢都輸光了，不就沒輒。

第二十八章

具鄉村風味的南特

一進河道，美景如畫，兩岸綠野平疇，牛隻馬匹低頭吃草，

有點像「風吹草低見牛羊」的景致，

有幾間十八、九世紀的教堂，散佈在各村落之間，

不時可以聽到遠方傳來的鐘聲，感覺靜謐又安詳。

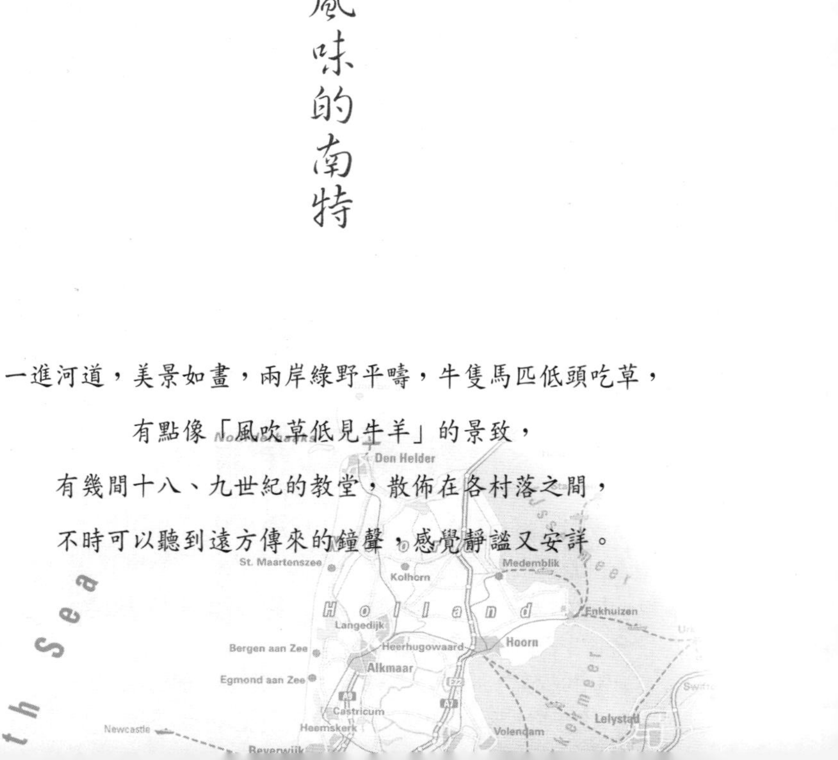

正午船位在西經四度十分，北緯三十六度十一分的地方，也就是西班牙和摩洛哥的中間，這回又來到西半球，半年前那一次是橫渡太平洋到北美洲西岸，而這一次卻是經印度洋、紅海、地中海進入大西洋，繞了三分之二個地球再訪西半球。

七月三日下午五點左右，爲期一個禮拜的地中海之旅結束，德群輪進入極具戰略價值的直布羅陀海峽①，這個地點剛好控制了地中海進出大西洋的要道。

現在船的航線離右側西班牙只有四海浬，離左側北非摩洛哥約六、七海浬，所以非洲和歐洲的距離大概只有十海浬這麼近，卻因一片薄霧籠罩在海峽口，使我們無法一睹地中海的門戶。

八點下班後，走到後甲板上看風景，這回看到了「奇景」，外面天色亮如白晝，太陽從早上五點升起，晚上十點半才落下。以前在地理課本上讀到，西半球在夏季「晝長夜短」的特色，我們終於體會出來了。

兩天來沿葡萄牙與西班牙海岸航行，海面尙屬平靜，但此時瀕臨大西洋的南歐眾國似乎是「霧季」，接連兩天煙霧瀰漫，海上籠罩在一片薄霧中，能見度只有三海浬左右，而今天的霧更大，連站在駕駛台都無法看到船頭，能見度大約只有五十公尺左右，船上有部雷達故障，另一部則做進出港之用，所以也不開啓，在這麼惡劣的環境中航行，可說是非常危險，因此霧號每隔一分鐘就響一次，讓其他船隻提高警覺（自上船到現在，印象中這是第二次拉霧號，大致上在沿岸航行時才會拉霧號），不過感覺頗羅曼蒂克。

下了駕駛台，聽說許大生病。許大這一陣子眞是禍不單行，前些時候閃到腰，現在則是胃出血，血壓只有六十、九十，臉色蒼白，船長已做最壞的打算，萬一許大有什麼，就電召救難直昇機，平常許大跟大家感情都不錯，只好祈禱他的低血壓沒事或者能熬個幾天，因爲就要到法國了，看完病應該就會好，不然一電召直昇機來救援，下場可能就是被遣送回國。

回國？出了許大的房間，大家都在談這件事，原來根據「路透社（路邊透露的馬路消息）」新聞指出，接下來可能到荷蘭載兩萬六千公噸的鋼板到美國的紐奧良卸貨，紐奧良以五穀雜糧出口著名，德群輪可能就近裝貨後直接回東南亞，那麼我們就可以回台灣了，哈！哈！哈！實習生都樂歪了。

七月七日，離開東南亞一個多月後終於抵達夢寐以求的法國。南特港位於法國中西部，一進河道，美景如畫，兩岸綠野平疇，牛隻馬匹低頭吃草，有點像「風吹草低見牛羊」的景致，牛馬還會抬頭看看我們這艘龐然大物。南特呈現法國農村獨特的田園風光，小小的農舍旁有河流，河流附近有住家，一兩間或幾十間，悠閒地散佈在小丘陵

▲鄉間隨處可見農民放牧的牛群。

上，草原上停著像小蜜蜂般的滑翔翼，完全展現歐洲人悠閒的生活步調。

這裡還有幾間十八、九世紀的教堂，散佈在各村落之間，不時可以聽到遠方傳來的鐘聲，感覺靜謐又安詳，河道中有夫妻帶著小孩，也有熱戀中的情侶，他們開著遊艇準備到海上度假，與我們擦身而過，大家熱情地打著招呼，人家說歐美人士重享樂，看來一點也不假。

南特的碼頭是沿著河道築在兩側，跟波特蘭有異曲同工之妙。到達南特當天適逢星期日，偌大的碼頭只停德群輪一艘船，歐洲人假日不做工，整個碼頭沒有人影，顯得格外冷清。

南特碼頭跟其他碼頭很不一樣，這裡沒有海關，沒有商店，沒有酒吧，有點像郊區，有不少像別墅的住家，每一間的造景都很特別，種有各式各樣的花草，連窗戶的蕾絲窗簾外都擺有可愛的盆栽，住宅區內的街道雖然不怎麼寬敞，巴士卻穿梭不停，注意看了一下巴士，奇怪的是裡面一個乘客都沒有，大概禮拜天他們都搭自己的轎車出遊吧！

碼頭旁邊就是高速公路，直達市中心，我們雖然想到市中心，但身上都沒有法郎，只好和小顏、大管、「蘆筍」安步當車地到附近走走。

晚上九點，外面還很亮，像是台灣的白天，信步走到超級市場，這裡的超市都在郊區，停車位寬敞，可惜都已經關門，我們無法進去一探究竟。

輪機部靠港期間的重要工作就是維修機器及保養引擎，我有上工的心理準備，沒想到大管卻臨時決定不吊缸，等於放我們一天假，這麼一來，我們「三劍客」就背著照相機，打算到市中心見識法國的廬山眞面目。

走到站牌，輪機長、大副、小顏他們也在等車，等了很久才遇到一位捧著法國麵包的老太太，一問之下（我用英文問，她用法文回答，居然也通）才知道要到下一個站

▲浪跡法國的台灣三劍客。

牌，於是我們六人走到下一個站牌，站牌有時間表，起站、到站時間標明十分清楚，沒多久，車子果然準時到來，我們沒有硬幣，司機說：「沒關係！」並使用無線電不知跟誰說了些話，我們就高興地上車。

車上早有三名乘客，這三名乘客分別是小李、小傅、小戴，小戴看到我們十分高興，說這個司機很好，免費讓他們搭車，我們聽了當然也高興，到達市中心的時間，就是站牌標明的時間。要下車時，一位工作人員正恭候我們的大駕，原來要帶我們去補票，誰說不用錢，眞糗啊！小戴！

南特是一個古老的城市，市區

▲南特 市中心廣場。

的古蹟一一納入我們的相機中，買了些風景明信片寄給台灣的親朋好友，這下才知道，今天所到之處都是當地的名勝，眞是不虛此行。

我們也找了家coffee shop，喝杯露天的香醇咖啡，感受法國人浪漫的風情，看著充滿性感新潮的法國妞，靜靜地欣賞著她們，眞是人生一大樂事！

法國工人的工作效率不輸給日本人，才半天而已，已經卸了兩個火車的貨（這裡卸的貨是用火車裝的，因爲碼頭旁邊有鐵路，他們把木材卸下來吊到火車上，這跟其他碼頭用船或卡車來載很不一樣）。以他們的工作效率，大概會提早離開法國。

隔天下班，不少私家轎車停在碼頭邊，有人上咱們的船，有人在旁邊交涉，原來他們來要些被淘汰的木材，以便冬天在客廳壁爐起火取暖之用，順便參觀德群輪的設備。他們也許不知道自己有多幸運，因爲只有歐洲碼頭沒有海關，他們可以自由進出，不然在其他地方可就禁止通行。

七月十日禮拜二，今天船長被搶了，船長的房間凌晨兩點多被一個黑人用Master key[2]打開，瘦小的船長當場驚醒，黑鬼持刀暗偷不成，只好明搶，還好船長應付得宜，保險箱、抽屜都沒被打開，但被搶走四百多塊美金，船長驚魂甫定，才想到招人圍捕，可惜爲時已晚。

歐洲治安良好，港口附近沒見過黑人，那麼停在咱們附近的非洲貨船有很大的嫌疑，不過，船長室貼「MASTER」的牌子似乎也暗示小偷，這裡有貴重的東西，難怪船長經常遭竊。

今天三訪南特市中心，我和「蘆筍」已經像識途老馬，今天的目的是逛「女性服飾店」，我要買一件洋裝送給妹妹，「蘆筍」則買給他姊姊。

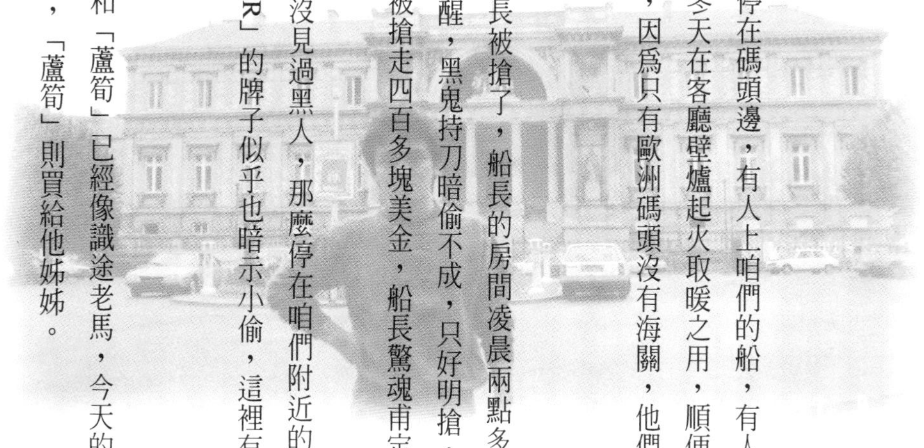

出門前，忘記誰曾經提醒我們：當被問到「Where are you come from?」時，不能回答China，要回答Taiwan，因爲Taiwan在本地比China「高檔」。

南特的東方人極少，一進門，店員和我們寒暄幾句之後，果然老闆娘上前問一句：「May I help you?」我們立刻點點頭，想必出現在女性服飾店的男人不多吧！

▲購物區一角

「Are you come from Japan?」

「No-·No-·We come from Taiwan，We are Taiwanese。」

我補充說，是搭船來的。

對方一聽，以爲是「郵輪」，對我們的態度立刻不一樣，「來，來，來，請裡面坐。」在「貴賓室」的沙發上，老板娘客氣地幫我們倒水，問我們抽煙還是雪茄，需要買什麼樣的服飾。

「買給妹妹的？妹妹多大？長得怎樣？要不要形容一下？」正當我努力想該怎麼形容

時，老板娘兩手拍了三下，全體店員馬上進來，一字排開，然後問那一個的身材跟妹妹類似，我選了其中一個店員，老板娘俐落的要她穿上我看中的洋裝看適不適合，洋裝價格八百七十五塊法郎，好貴！「蘆筍」則花了五百法郎買一套鮮紅色呢絨外套風衣給他姊姊，對方還送一本該套服裝設計師的作品型錄，而他買的衣服，本子裡有詳細介紹，讓人感覺價值非凡。

走到市中心廣場，兩人毫無目的坐了三個多小時，前天我們來這裡喝咖啡，今天則喝啤酒和紅葡萄酒，這裡的紅葡萄酒難喝得很，像醋，「蘆筍」突發奇想，「買兩瓶回去加點糖，到浴室邊泡澡邊喝酒，如何？」

今天的天氣不熱不冷，坐在廣場舒服得很，「蘆筍」一心一意想跑船，有了這趟實習經驗，相信他會更篤定跑船的信心。

在南特的倒數第二天，天空飄著時大時小的雨，有時還夾雜著閃電，吸著迎面而來的水霧和冷空氣，像極了台灣冬季的早晨。

八點，工人全部到齊，由於下雨，無法卸貨（因為那些貨不能受潮），他們全都聚集在船邊休息或喝酒，等待雨停再加把勁。

趁著雨勢稍小，我和船長、報務主任等人散步到前天未到訪的超級市場逛逛。這裡有五六家超級市場，裡面應有盡有，尤其賣很多「DIY」的東西，例如庭院的造景、狗窩、家裡的裝潢，看來法國人喜歡自己動手做，這也是他們房屋與眾不同的原因。

與船長閒聊中得知他今晚要請客，趁離開南特前壓壓驚，一掃先前被搶的晦氣，因爲木材預計今天可以卸完，隔天就要離開，不過他說，跑船多年，損失財物並不稀奇，倒是發生在治安不錯的南特，十分出乎意料！

隔天解纜，德群輪航行一天後，貨主發出緊急電報——英國全國大罷工，爲了顧慮成本，決定轉向開往第三個港口比利時的安特衛普，把英國的貨卸到此地。

原本英國要停的港口叫Tilbury，位於倫敦泰晤士河內，距倫敦市區三十公里，車程約四、五十分鐘，大家打算到倫敦要好好逛逛的，唉！德群輪只好轉向進入英吉利海峽。

英吉利海峽多霧，暗礁多，船也多，船上雷達、無線電全開，怕撞船，英吉利海峽屬於北海，在北海領港帶領之下，我們通過英吉利海峽最窄之處，也就是站在船上，左舷可以看到英國的燈火，右舷可以看到法國的燈火，尤其在一層薄霧之中顯得更美麗，通過之後，比利時的河道領港也上來，將我們的船帶到比利時的安特衛普港。

備註：

①直布羅陀海峽很窄，面積約六平方公里左右，海面的寬度頂多讓兩艘船通過，地形主要由巨大的石灰岩構成，一七一三年主權由英國取得。英國很快的將直布羅陀發展爲地中海的基地，並建造巨大的防波堤保護西側的港口和南端的軍用造船基地。一九七九年到一九八三年，英國的駐軍遭到海陸夾攻，但仍堅守住直布羅陀，寫下歷史上有名的攻防戰。而駐紮在直布羅陀的海軍，在面對十九世紀的拿破崙，以及二十世紀的希特勒大獨裁者進犯時，曾立下輝煌的戰績，因此直布羅陀佔地雖小，價值卻不容小覷。

②Master key是船上的萬能鑰匙，只有船長才有，這支鑰匙可以開啟船上所有的門。

第二十九章

比利時的港口

比利時的人民似乎很喜歡船，

所有經過的市民都圍過來看，

小孩更是拉著爸媽駐足欣賞，

有人拿出照相機拍照，甚至有人要上來參觀，

船邊的馬路頓時塞起車來。

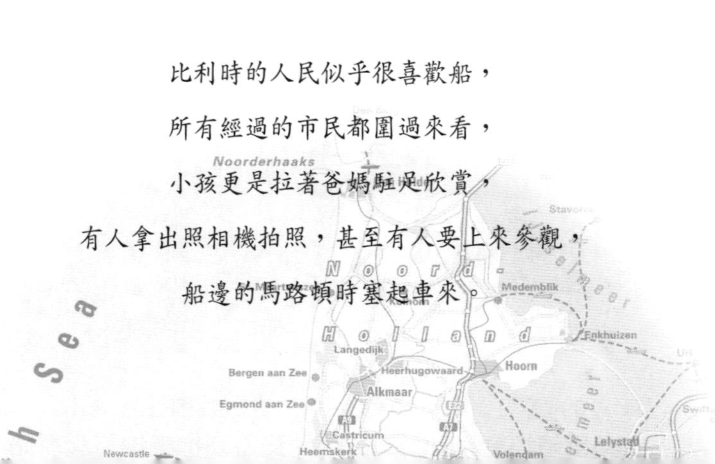

▲ 安特衛普 美麗的夜景。

比利時的港口有三個，一是安特衛普，一是布魯塞爾，另一個是根特，都位於河道內，進出都需通過荷蘭水域。

安特衛普是自上船以來離市區最近的一個碼頭，船邊五十公尺的矮牆外就是市區。

比利時的人民似乎很喜歡船，船停泊時，所有經過的市民都圍過來看，小孩更是拉著爸媽駐足欣賞，更有人拿出照相機拍照，甚至有人要上來參觀，原來德群輪是安特衛普港裡最大的一艘船，其他的都是小艇，所以船邊的馬路頓時塞起車來。

晚上下了班後，我和「蘆筍」相

約到市區逛逛，這裡充滿著文藝復興時代的建築，廣場四周都是露天的咖啡館、酒吧，三步一小間五步一大間，不過這裡的街道倒不是我們所熟悉的柏油路，而是由一塊塊十到十二公分見方的花岡岩所拼成，不失爲一大特色，全比利時都是由這種以前供馬車行走的路面做成，聽說是凱撒時期的羅馬式規格道路。

我和「蘆筍」按照地圖尋找市區的名勝古蹟，這種地圖到處都有，一般的商店或銀行辦事處都拿得到，上面不但標示古蹟的地理位置，連公車路線圖也非常清楚，這種歡迎外國人觀光的誠意和用心，是其他國家少見的。

市中心離碼頭雖然只有一公里，但氣氛完全不同。港口寧靜，市中心熱鬧，有麥當勞、舞廳、電影院、成人電影院，氣勢全然不同。這兒的計程車也很高檔，全國只有兩家計程車公司，一家是黑色賓士，另一家是白色奧迪，大概這兩種車都在附近的德國生產所以比較便宜吧！

我們來到中央車站一探究竟，這裡算得上是古蹟，車站的設計像回到二十世紀初，月台的形式跟電影裡的一模一樣，火車開進來再倒退出去，走一趟月台像是走入時光隧道般。

中央車站西側有座聖母教堂，花了兩百七十年才建造完成，是觀光客必到之處；中

▲ 安特衛普動物園裡的北極熊寶寶。

央車站後面就是全歐洲最有名的安特衛普動物園。動物園感覺像公園，花木扶梳，四周充滿綠蔭，鴿子、海鳥在人群中穿梭，一點也不怕人。

出了動物園，百貨公司和「花街」就在旁邊。

安特衛普的「花街」像一排落地櫥窗，裡面的小姐猶如模特兒般坐在櫥窗裡，如果你有興趣，敲三下門，小姐看順眼，就會開門讓你進去，然後將窗簾拉下，開始營業。

我們看到一位黑人敲門，裡面的小姐就是搖頭，黑人亮出鈔票，表示可以給她很多錢，她還是搖頭，比起其他地方，這裡的小姐有尊嚴多了，至少她也有選擇客人的權利。

這條街十分便利，「花街」旁就是酒吧，在酒吧剛好碰到正要離開的船長和輪機長，他們招輛黑色的「賓士計程車」揚長而去，這景象是台灣看不到的。

▲市區比比皆是保存良好的古老建築。

比利時的語言相當複雜，大致上南部人操法語，北部人操荷語，英語也通，某些城市的路標則是法語和荷語同時出現。

安特衛普在荷語區，是比利時最重要的港口，也是商貿中心，西元一五五〇年荷蘭稱霸海洋的全盛時期，每天出入的商船都在十艘以上，另外有一千多家的商行在這裡設營運中心，市中心還有一座「航海博物館」，裡面有造船工具、滑輪，最有看頭的是擺了不少按比例縮小的原船模型，比例之精確，手工之精細，讓人嘆爲觀止！

除此之外，安特衛普也是座「鑽石城」，擁有四家鑽石交易所、五家鑽石銀行及一千

▲一年一度在鹿特丹所舉辦的帆船節。

五百家鑽石公司，是世界上最大的鑽石交易中心，佔全球一半以上的鑽石交易量。

比利時的氣候宜人，七月的平均溫度爲攝氏十八度，國土面積雖小，地形卻富於變化，境內的土壤肥沃利於耕作，糧食可以自給自足，所以比利時算是歐洲富有的國家之一。

在比利時工人高效率的工作下，才花三天的時間就連英國所訂的木材也一併卸下，我們隨即往下一個港口鹿特丹駛去。

從安特衛普到鹿特丹只需航行十二個鐘頭，這對我們來說是一個

▲河道旁處處可見的傳統風車。

新的記錄，兩個不同國家的港口只需半天就抵達，可見有多近。

鹿特丹可說是世界上數一數二的大港，二次世界大戰期間曾被德國炸得面目全非，而今又是生氣勃勃的新氣象，進入鹿特丹河道，只見風帆雲集，世界各地的船都聚集在這兒，一靠港，工人就開始卸貨，效率非常快。這裡離市區旁邊的碼頭大概有二十公里遠，可見港區之大。

船上與當地海員俱樂部的人約好八點來接我們，海員俱樂部是服務海員的地方，有酒吧、健身房、電影院、游泳池、餐飲店、化妝品店、服飾店，也有到市中心的交通車，但九點仍不見蹤影，原來三副聽錯了，還好不久就來了一部豪華的中型巴士。

海員俱樂部佔地寬廣，設備新穎，服務項目眾多，我們剛好碰上每週二、四舉行的dancing party，但這裡的女士「自備」的居多，也就是多數人自己帶伴來，我跟「蘆筍」只好下去湊合湊合，渴了，到吧台喝飲料，這裡沒有最低消費額，是個滿自由的地方。

我也陪輪機長喝了幾瓶啤酒，這原本是個輕鬆的場合，但他老人家卻顯得憂心忡忡，一問之下才知道，最近船上賭得很凶，原本二塊一塊的，後來改爲三塊一塊、三塊一底再對插對飄，變成十五塊錢一底，合台幣六百塊一底，這麼大的賭注在台灣打還可以，在船上除了輪機長一個月領五百美金零用錢外，誰也打不起，聽說大管在歐洲贏了一千多塊美金，他因爲剛領一筆年終獎金（船員的年終獎金不在年底發，而是以滿幾年爲一單位）才玩大的，不然他也玩不起，而小戴、小胤、小吳、三管都輸得精光，三管跟小胤各輸三百到四百美金，最慘的是小吳，不知道輸了多少，連他在香港買的NIKON相機和K金打火機都賤價拋售，輪機長看小吳年紀輕輕卻執迷不悟，想藉機拉他一把，所以找我勸小吳，說他願意借錢給小吳，前提是不准再賭，在船上還不出來沒關係，回到台灣再還，但願小吳聽得進苦口良言。

由於鹿特丹的港區實在太大，離市區較遠，眞有「龍困淺灘」之感，加上海員俱樂

▲鹿特丹的美麗夜景。

部裡應有盡有，在荷蘭這幾天我都沒到市區闖闖，這裡的免稅商店比機場還大，原本想在這裡買幾瓶香水，誰知道一進去東買西買，錢都不夠，還跟水手長借些錢才夠花。這裡的東西由於免稅之故，買好不能直接拿出去，他會給你一張收據，東西他們先存放在倉庫裡，註明那一艘船那一個船員的，他們會在船出發前半小時把東西送到船上，這是鹿特丹港區跟別人不一樣的地方。

回程時，大夥似乎都花了不少錢。當船員的好處之一就是可以到世界各地遊歷，還可以順道買些當地的小紀念品送給親朋好友。但卻容易造成「衣錦榮歸」的假象，被人誤認爲船員「多金」，天曉得船員在船上是多麼的節儉和刻苦，要忍受多少寂寞和孤單，還有放大洋那種身心俱疲的煎熬，錙銖必較的時候多的是，買東西給台灣的家人卻又一擲千金面不改色，這是一個強烈的對比，也難怪！一兩年才回家一次，誰不想風風光光。

比利時的港口

73.07.24—73.07.24

荷蘭鹿特丹—比利時根特

第四航次

73.07.24—73.08.22

比利時根特→（經北海、英吉利海峽、
橫跨大西洋、百慕達三角洲、
加勒比海、巴哈馬群島繞過邁阿密、
墨西哥灣、密西西比河）
→美國南方紐奧良
（New Orleans，位於路易斯安那州）

第三十章

老船員的故事和趣事

水手長拿出一個罐頭請大家下酒吃：

「我每次到美國一定買這牌子的罐頭，眞好吃！吃吃看！」

大家很捧場，每個人都吃了不少，

但罐頭上怎麼有「貓」的標誌呢？仔細一看罐上說明，

「……水手長，這……這是『貓食』呀！不是人吃的罐頭……」，

「亂講，很好吃耶！我吃了好幾年了！」

歐洲幾個國家的距離都很近，德群輪幾乎不用全速開航，而是一路stand by到比利時，這次又經過荷蘭水域再進入比利時的河道，進入河道時還經過幾道「機關橋」。

所謂的「機關橋」是爲了方便船隻進出，所以設計在船經過時會自動升起或張開，讓船順利通過。事實上從美國的哥倫比亞河道前往波特蘭途中也常見，沿途還有幾個水位調整閘道，有點像巴拿馬運河的水閘，只是工程沒那麼浩大。

根特位於比利時首都布魯塞爾的西南方，是比利時三大港口之一，港區的公路和鐵軌並行，右邊是碼頭，左邊是工廠，前面的路一片綠意，綠地也是野生動物的樂園。

走著走著，突然一團灰黑色的東西從十公尺正前方快速跑到灌木叢裡，原來是野兔

▲風車—荷蘭的代名詞。

▲古意盎然的根特市區。

子，定神一看，東一隻西一隻，算不出有多少，還有剛出生不久的小兔子躺在媽媽襁褓中。牠們不怕人類，跟人保持十公尺左右的距離，如果再接近，牠們立刻拔腿就跑，只要一隻跑，其餘的兔子也跟著「蹦、蹦、蹦」地跑，跑時兔尾巴翹得老高，非常可愛！

在港務局的安排下，一部交通車載我們到達市區。

我想逛逛，輪機長也想，於是他說：「走，一起去。」「喔！好！我先回去拿錢。」「拿什麼錢，我這裡有。」他搭著我的肩膀，卸下長官對下屬的威嚴，我們悠閒地沿著運河數電線桿。

根特有著濃厚的古樸氣氛，車陣中還有一兩輛馬車穿梭而過，是觀光客遊城用的，運河交錯於市區內，和威尼斯差不多。

「你家裡做生意嗎?」
「嗯!做佛具生意。」
「將來要繼承家業嗎?」
「還不知道!」
雖然我們經常聊天,但很少談及私事,這一次,他卻主動說起自己的故事。

輪機長於民國二十二年生於上海,是家中的長子,父親服務於船公司,也是一名輪機長,民國三十八年五月二十三日(也不知道他爲什麼記得那麼清楚),上海處於最危險的時刻,由於時局不穩,父親的船就要開離上海,這一去不知道什麼時候才能回來,父親便叫他收拾行囊,拉他一起上船,並派下手的工作給他。

那艘船名日「新大壬」,當時除了裝運物資到廈門外,也載了不少流亡學生,一路從上

▲自古堡高處眺望根特市區。

海經廈門，停留幾天再輾轉來到基隆港，那年他才十六歲，第一次踏上「台灣」土地。

來到台灣，舉目無親，「新大壬」的未來也不知何去何從。這時基隆海員工會的吳琦先生成立管理委員會，讓「新大壬」能夠自給自足（自行攬貨、招商），他和父親也決定在基隆落腳，展開新生活。

自立門戶的「新大壬」，專做台灣運輸福建、金門、馬祖的生意，民國四十二年因營運不佳而賣給福建省政府。

雖然「新大壬」的際遇不好，但他和父親成熟的技術所累積的雄厚實力，成爲各家公司爭取的對象。在結束「新大壬」後，其他船公司紛紛過來搶人，他們曾有「父子檔」在同一家船公司服務的經驗。不過，他的行情比父親好，尤其對輪機修護的認識和瞭解，使得年紀輕輕的他行情大漲，沒多久他的事業就邁向高峰。

每次到新的船上服務，他不是老闆指明要的人選就是薪水領得最多的一位，即使沒爭取到他的公司，一旦遇到機械方面的難題，也會感嘆地說：「怪病要找怪匠醫，我們手腳慢，沒請到怪匠！」別人口中的「怪匠」指的就是他。

民國六十三年，在舊同事的推薦下，他來到在航運界頗負盛名的德同航運，至今算來已有超過十年的資歷，而當下，我正跟一位航海界的老前輩逛街，突然感到十分榮幸！

閒談中，我們來到根特市區一個著名景點——Gravensteen Castle。

這座古堡沒有刻意整修，維持著以前的狀況，但整理得很乾淨。不過石梯卻難爬，怪石嶙峋，我攙扶著輪機長，花了一些力氣才爬上去，裡面有關戰犯的水牢，陰森森的，還有絞刑台和斷頭台，牆壁上展出行刑時的油畫，讓人看了不寒而慄。古堡外有護城河，和市區各運河相通，城牆上還有瞭望台，可以瞭望整座城市，站在上面，好像進入時光隧道，彷彿回到好幾百年前，輪機長對這裡特別感興趣，幾度流連忘返。

回到碼頭，工人正努力裝著

▲陰森恐怖的刑具展示區。

▲具有八百多年歷史的Gravensteen 古堡。

貨，這次裝的是每塊十五公噸重的鋼板，是上船以來裝得最重的東西，由於夠「份量」，裝貨時，工人在鋼板和鋼板之間放置木塊，以方便卸貨時鋼索穿過去吊起來。

我睡的房間離第五貨艙最近，窗外就看得到裝貨的情形，不過除了工人，沒有閒雜人等，這次裝的貨太危險，大家都遠離禁地。

就在我打算上床休息時，「咚、咚、咚」整塊鋼板倒下，差點壓死工人，其他人驚慌失措，趕快跑到甲板一探究竟，掉下來的鋼板把船艙撞破幾個洞，幸好撞破的是壓艙水櫃，而壓艙水剛好都打光，才有驚無險地把它銲補起來。

這個突發狀況，把瞌睡蟲趕跑了，索性找「蘆筍」聊天，剛好小東也在，他們正說著一件剛發生的趣事，兩人笑得前仰後合。

「什麼笑話？說來聽聽。」

原來是大廚的笑話。

「蘆筍」對於大廚不通英文卻能在國外通行無阻感到好奇，尤其一下船，他立刻知道那裡可以「快活」，於是「蘆筍」特地向他討教一番。

「那裡找『快活』？」

「呵！那些地方還用找嗎？用『聞』就聞得出來啦！」大廚很臭屁地說。

顯然這不是「蘆筍」要的答案，他更進一步地問大廚如何用簡單的英文跟司機溝通，以便在最短時間內到達「快活區」。

這下，他更得意了：「一上車，跟司機比個很曖昧的動作，司機笑了，然後說他知道那裡，就這麼簡單。」

「而且這一招在每個國家的碼頭都管用。」大廚補充說明，聽來十分傳神。

「你怎麼回來呢？」

大廚拿出一張小抄，很慎重地說：每次離開碼頭前就先抄港邊地址，好讓司機將他平安送回。

說著說著，他拿出一張手抄的地址，上面竟寫著「No smoking………」天呀！大廚居然把倉庫旁「禁煙」的標語當成地址抄上去。

「不對！對不對？司機一看就說不對。」

「那你怎麼辦？」

然後大廚機靈地用雙手比個十字架，配上聲音「噹、噹、噹」。

「什麼意思？」

「教堂的意思呀！」原來碼頭在教堂旁邊，只要司機將他載到教堂，他就知道回碼頭的路了。

哇哈哈！

「還有更有趣的！」「蘆筍」興致一起，把他老長官水手長的糗事也一起抖出來。

話說第一次渡完大洋到美國長堤，有一天，水手長好心邀幾個談得來的實習生到房間喝酒聊天。

席間，水手長慎重地拿出一個罐頭請大家下酒吃：「我每次到美國一定買這牌子的罐頭，眞好吃！吃吃看！」大家很捧場，每個人都吃了不少，但「蘆筍」覺得有異，罐頭上怎麼有「貓」的標誌呢？仔細一看罐上說明，「……水手長，這……這是『貓食』呀！不是人吃的罐頭……」，「亂講，很好吃耶！我吃了好幾年了。」「好幾年？」其他人也湊過去再確認一次，「果眞是貓食」，當下，水手長尷尬不已，一出房門，大家笑得都快哭了。

德群輪承載的鋼板貨在根特港順利裝載完畢，七月二十八日星期六，晴天，早上七點多，拖駁、領港一起上來，隨即七點半解纜開船。

咱們這個英籍北海領港Peter可眞不是蓋的！從離開法國前往比利時就上來與大家共度將近二十天的船上生活。他溫文儒雅像極了英國紳士，認眞負責的精神令人佩服不已。北海地區交通十分繁忙，尤其西歐國家不但航運發達而且航線複雜，就像在十字路口，每艘船都要經過，卻沒有紅綠燈，所以領港顯得格外重要。

Peter一直都在駕駛台上盡責地指揮，德群輪沿著風景如畫的河道緩緩航行，一片片寬闊的麥浪迎風起伏，一隻隻低頭啃食的健馬、乳牛也以友善的眼光向我們道別，一棟棟顏色鮮豔的穀倉農舍隨船而過，河道上一座座的橋緩緩地開啓鐵臂。航行一天後，德群輪進入英吉利海峽最窄處，也是船隻來往最頻繁的地方。左岸是法國的多佛（Dover），右岸是英格蘭，只見大大小小的船隻雲集，其中有不少中型客輪正往返英法之間，從我們前後方橫駛而去，在領港正確地判斷指揮下，我們得以安心地欣賞美麗的英倫海峽。

八月初，英吉利海峽風平浪靜，萬里晴空，雲層不密，薄薄地鑲在空中，偶而吹來一點風，涼涼的，舒服至極！海面上一團團的海藻則靜謐地飄來飄去，魚兒不斷衝出水面，景象煞是美麗！

我們什麼也不想做，深深的被這歐洲的天氣、景致吸引著，思緒也被帶入浪漫幽雅的氣氛中。此時此刻，沒人願意談不愉快的事，似乎說了會掃興，破壞英吉利海峽迷人的風光，小東更回房將窗戶打開，讓溫暖的陽光照進房裡。

「蘆筍」見機不可失，當下脫光所有衣服，只穿著丁字褲，徜徉在英吉利海峽和煦的陽光裡，他的日光浴做得可徹底，一下曬胸部，一下曬背部，又是左側、右側，連胳肢窩都不放過，歐洲夏天的太陽不惡，還帶著微風，這樣的日光饗宴舒暢無比！

第三十一章

提前下船？

輪機長下了一個結論：「評斷一個人的未來，

是看他在面臨挑戰和爭議時如何做抉擇。

有些人一忍，海闊天空；有些人不忍，路只剩一條。」

說著說著，他跟我連乾幾杯，似乎是心照不宣。

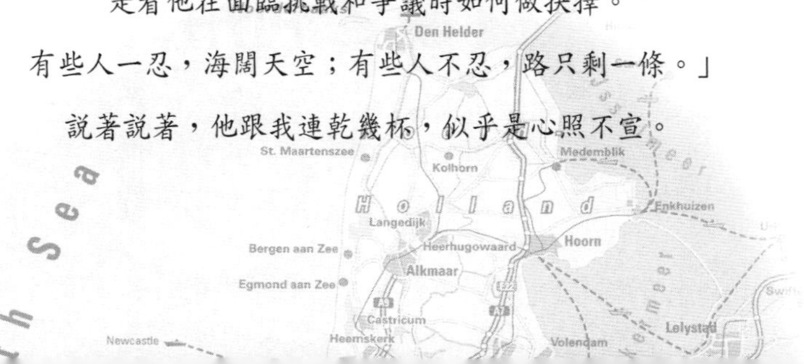

八月一日起，換我值下手班，作息開始正常。

德群輪慢慢駛進大西洋。大西洋的浪沒個定數，有時風平浪靜，有時巨浪滔天，今天的工作還好，早上和大管清洗壓縮空氣櫃，下午把沾到污油的艙壁、管路擦乾淨，一天的工作就告一個段落。

倒是「蘆筍」和小東還冒著上浪的危險，奮力工作，他們要趁浪小的時候趕緊把鐵鏽敲掉，並塗上防鏽漆，不然大浪一打上來，一切都白費工夫。通常開船時，甲板部的人就開始動員，保養整艘船，這工作的確辛苦，不過代價也不低，這筆收入算是甲板部的外快。

放大洋第三天，海上的風浪開始作怪，不少人又暈船了。小東的狀況很不好，吐得一塌糊塗，這次放大洋比上一次更嚴重，因為載的鋼板特別重，幾近於「超載」，而且鋼板和鋼板之間只用木塊固定而已（以前都用鋼纜繫緊，這次沒有），船一搖，鋼板也跟著移動，「砰、砰、砰」的聲音一陣陣傳來，似乎要把船艙撞破似的。

船搖晃得厲害，經常呈現三十五度傾斜，每次浪達九級以上小東就受不了，偏偏這幾天三分之一以上的時間風浪都超過九級，小東都躺在床上休息，幾乎無法工作。

目前航行的緯度高，船的搖晃因海浪的激烈變化而非常不穩定，若按原路線航行危險性相對地提高，聽說在這種情況下如果船呈pitching搖晃，船體很容易斷裂。

我們開始害怕了。

每一次度大洋心情都七上八下，上一次因不習慣船的搖晃而劇烈嘔吐，這一次則充滿危險性。

船長看情況不妙，進入駕駛台商量對策，並當場下令改變航向往南走，不久，風浪明顯變小，一切才趨於緩和。

小東開始上工，他的肚子很靈，像是海上氣象台，光看他的狀況就知道風浪大小，他若吐得躺在床上，風浪肯定超過九級，不然就在九級之下，很準！

自從船長改變航向後，緯度越來越低，船不再劇烈搖晃，我們又恢復「苦中作樂」的本事，以打發大洋無聊的日子。

深夜，肚子餓，便和「蘆筍」潛入大檯偷牛排和豬排，雖是「偷」，心裡卻竊喜著，想到這下可讓那些長官們知道東西被偷的感覺（因爲他們經常肚子餓時，就跑到二檯隨便亂拿別人的東西吃）就很得意。

我們從未做過虧心事，剛開始還心神不寧，兩人互相心理建設之後，不管三七二十一，既「幹」之，則安之。「蘆筍」負責拿電爐和叉子，我拿佐料，小東被逼得共襄盛舉，三人用奶粉罐的蓋子放在電爐上，把牛肉、豬肉擺好，在tally room做起「鐵板燒」，一時香味四溢，再來一瓶冰涼的啤酒，眞是「讚」！俗話說：「偷來的東西最好吃。」一點不假，眞爽！

這個月雖然當下手，感覺卻很充實，因爲大管知道我跟老王不合，特地安排讓我獨立作業，免得再起衝突，我瞭解大管的用心，所以對於所分配的工作都盡力完成，就算累一點，也不在乎。

八月四日星期六，按例只上半天工。

船越往低緯度開，天氣越來越熱，心情也越浮躁。

早上幫輪機長刷主機汽缸頭附近樓板的油漆，一直忙到快十二點才做完，把刷子跟油漆桶擺好準備洗手時，大管跟老王正在清理飲水機與油頭水幫浦附近的雜物，當我洗完手準備到飲水機喝水時，老王卻故意擋在飲水機前面，他身材魁梧，頓時像一座山，心想算了，就不喝吧！看了他一眼，正準備進控制室時，誰知他卻突然出手從後面推我一把，碰一聲！害我一頭撞到控制室的門上，簡直欺人太甚，我滿腔怒火一湧而上，於是衝上去對準他的腦袋一拳打過去，他也伸出蒲扇般的手掌反擊，但我動作敏捷，不但沒讓他得逞，反而把他從飲水機旁一路打到油頭水櫃邊，大管趕緊過來勸架，還吆喝大家趕快過來幫忙，輪機長也從控制室衝出來，我顧及拳頭會打到他老人家，攻勢稍爲一緩，不料卻被老王偷幹了一拳，他雖然體格高大，肌肉結實，但重看不重用，勁道實在不怎麼樣。

這下免不了被訓一頓，老王在旁邊加油添醋，但也被大管訓了幾句，他們知道老王錯在先，不過老王畢竟年紀比較大，更何況船上也講倫理，大管和輪機長只好作勢罵我，但明著在訓我，暗的在訓老王。我只想讓大家知道，同在一艘船上，不論輩份大小，只希望被尊重，不希望小的就要被老的欺負，因爲船上的「規矩」一直以來就是如此，老船員永遠可以頤指氣使，小船員只有忍氣吞聲，如果這一拳可以打醒這些不成體統的規定，那麼一切的代價都值得。

果然，老王是收斂多了！誠如大管所說「今後，彼此都知道自己的實力了！」據我側面了解，這次老王吃了憋，大家都非常高興，只是不便表現出來。老王總以爲自己塊頭壯、拳頭粗，所以都目中無人，一副吃定你的嘴臉，這次紙老虎的面具被拆穿了，至少可以讓他安分一段時間吧！

八月七日，實習剛滿八個月。在船上有個不成文的規定：實習期滿八個月（過三分之二），船要是經過遠東地區就可以下船回家，算實習結束。時間過得眞快！一轉眼過了八過月。

在這特別的一天，我把最後一條魷魚泡開煮湯，紅燒排骨罐頭一開，一瓶約翰走路一擺，雖然不是什麼山珍海味，但是「人在船上，菜不由己」，湊和湊和，吆喝幾個夥

▲實習生於主機大保養後與輪機長合影於機艙（左起依序為小胤、小吳、輪機長及作者）。

伴，也算應應景。

不過，小東最近心情欠佳，沒加入陣容，反倒小顏過來軋一腳。小顏自從小劉被遣送回國後，開始慢慢和我們走得近些，他說：幾個月觀察下來，覺得「氣味」和我們比較相投，那次的閒聊也讓我對他有更進一步的認識。

小顏的父親也是船員，他是高雄眷村長大的孩子，大概每兩年才有機會見父親一次，每次回家眷村的小孩就會奔相走告：「你爸爸回來囉！」然後他就興高采烈地出去迎接父親。

小顏和他父親雖然聚少離多，感情卻非常好。他說：有一次打麻將欠下上萬元，父親爲了減輕他的壓力和憂慮，偷偷將錢拿給他哥哥代替他還錢；他的母親雖然書讀得不多，但野台戲看了不少，經常講些忠孝節義的故事給他們聽，所以他的家庭觀念十分濃厚。

儘管父母親給了他足夠的愛，小顏的成長過程卻受了不少委屈。

小顏小時候功課很好，小學畢業成績全校前三名，畢業典禮當天老師卻取消他的獎項，原因是他在眷村經常打架；升上國中，小顏的數學經常拿滿分，家境不好加上天賦異秉，他並沒有參加校外補習，怎奈老師上課時間教得少，重點都留在補習時才教，於是小顏將此弊病毫不保留地寫在週記上，老師一氣之下拉他到講台上罰跪；國中畢業後小顏只考上私立國際商專，當時他母親就說：「好貴喲！你不要念，重考一次好不好？」接著他母親到處跟人借錢讓他補習，小顏看在眼裡，牢記母親的話：「以後我們都要省錢。」

聊完天後我終於瞭解，爲什麼每次船一靠港，船公司寄一堆破布（用來敲鐵鏽、洗大艙）給甲板部使用時，小顏總是會從破布中挑些舊衣服來穿。

這段時間船上經常播放台語歌曲，挑起不少人思鄉情愁，小顏患了思鄉病，思家心切的他也和我們一起討論是否要在實習滿八個月下船的事。

小東最近和大副經常有摩擦，因此返台之事，他很積極；再加上船一搖晃他就吐，而且吐得厲害，他大概很想藉機逃離船上的生活吧！

說實話，船上的人，除了輪機長還不錯之外，其他人並不好相處，生活上枝枝節節的不愉快，很容易讓我們這群血氣方剛的年輕小伙子打退堂鼓。

我對這趟行程抱著「實習兼旅遊」的目的，當然，終極目標是「環繞世界一週」，這八個月，大概完全瞭解了船上生活，但是，與環遊世界一週還有一小段距離，若輕易放棄，豈不是太沒骨氣？我陷入長思……

據「路透社」的消息，這趟航程在美國紐奧良卸完貨之後，將在美國載木材到法國，這下「返鄉之路」就更遙遠了。

為了要不要返台，我整天精神恍惚。

如果從美國解約回去，勢必要賠上機票，而且可能是兩張機票（一張是自己返國機票，另外替補遺缺人員的機票也要負責），外加代理費，看來並不划算。

但是再待下去，如果行程不變，最少需要三個航次才能回到遠東，那變成除非一年三個月合約到期，否則還是要自己買機票回國，這麼算來還有七個月哩！別說年得在國外過，連大專兵的梯次也無法參加，那還有什麼意思？

漫無目的地把整個行李都拿出來整理。東西一攤開，嚇了一跳！行李居然裝不下，我以最適當的位置，最小的間隙，小心地裝，慢慢地擠，花了三個多小時才弄好，行李大概有六、七十公斤重。

這一陣子大家都在低潮期，原因很多，不過最直接的原因是度大西洋的滋味比前幾次放大洋難受好幾倍，雖然有放大洋的經驗，但是這幾天遇到的風浪超過十四級，滔天巨浪把船頭打得亂七八糟，大家吐得一塌糊塗，不巧鋼板又移位，撞來撞去，加上甲板部的小東、小顏、「蘆筍」都跟大副處不好，大家平常在一起都會互相影響，「歐洲、美洲、非洲都去過了，也值得了。」大家彼此自我安慰，說好賠機票錢就算了，回家吧！

和幾個弟兄們取得共識後，我把請假單和考核表送到大管房間，等候消息。

他們送上單子後，卻沒這麼幸運，大副千方百計挽留他們，因為小東、小顏和「蘆筍」都想走，這鐵定影響公司對大副帶人能力的考核，如果連實習生都帶不好，當然會對大副的領導能力大打折扣，而且我們一走，新的人上來，又要重新開始教，對他們來說也是一種負擔，於公於私大副都不希望我們提早下船。

船長看大副和大管都壓不下這個案子，於是親自上陣，他說：「根據船公司規定，船員於服務期滿前三個月將返台者，可填具請假單報備，由公司安排返台手續。」

簡直豈有此理！公司把我們要在美國返台而填的假單，故意曲解為一年期滿而填的報告，這未免太吃定實習生了。

後來聽說船長將在巴拿馬交接，他一定得不擇手段的在任期內把我們留下來，以表現他的領導績效，等他交接完畢之後，我們愛什麼時候下船就什麼時候下船，屆時跟他一點關係都沒有。不過話說回來，船公司又不是船長開的，就算他同意，而船公司不依的話，他又能如何？唉！

這一陣子，無形的政治壓力壓得我們喘不過氣來。

輪機長趁吃飯時間有意無意跟我談起一個小故事，那是多年前他帶的一個船員的小故事，該船員口口聲聲想成大器，卻不夠宏觀，沒有忍讓的美德，他能言善道，卻一事無成，輪機長分析他的狀況下了一個結論：「評斷一個人的未來，是看他在面臨挑戰和爭議時如何做抉擇。有些人一忍，海闊天空；有些人不忍，路只剩一條。」說著說著，他跟我乾杯，我們連喝幾杯，似乎心照不宣。

八月十二日星期日，早上吃早餐時，突然感傷起來。如果眞要下船，今天吃的大概是最後一次的咖啡、土司，但輪機長的「忠言」卻時時在我耳邊響起。

吃完早餐，「蘆筍」到我房間聊天，我才知道，船上的人把我、小東、小顏、「蘆筍」即將返台的四人稱爲「四人幫」，好像又被大家湊成一個小團體了。

午後，我們「四人幫」到船頭曬曬太陽，順便討論返台的事。大家都有返鄉的想法，但不敢說出具體行動，最後仍不了了之，認命吧！

第三十二章

經過百慕達

凌晨小東面帶驚慌地敲「蘆筍」的門：

「沈船啦！我們沈船啦！」

他氣喘吁吁，上氣不接下氣地說，

驚慌和緊張寫在臉上……

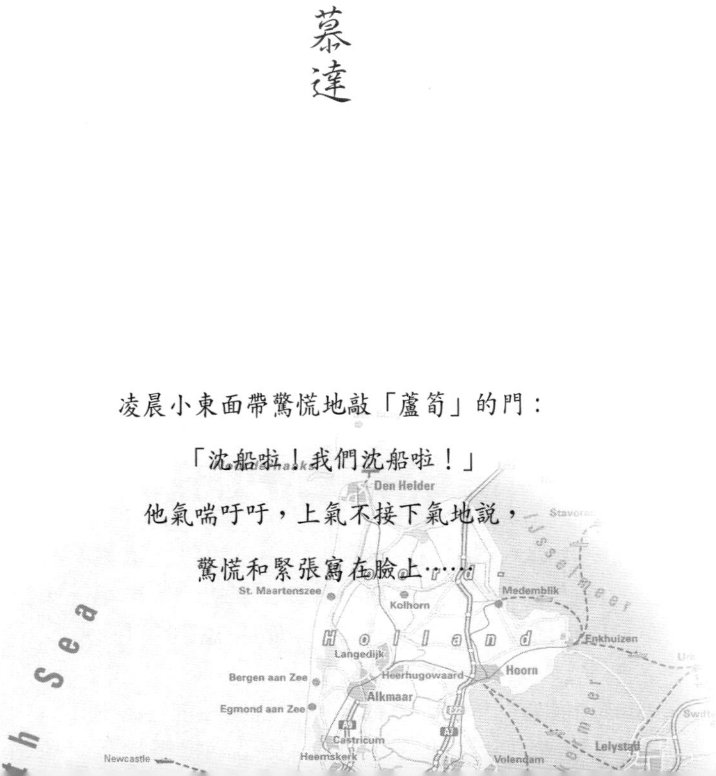

入夜之後，船又開始搖晃，海浪不小，打在船上，度大洋的惡夢再次浮現。

凌晨小東面帶驚慌地敲「蘆筍」的門：「快開門，開門！」敲門聲「咚、咚、咚」的，把熟睡的「蘆筍」吵醒。

「蘆筍」睡眼惺忪地開門，眼前站著的是驚慌失措的小東。

「我們沈船啦！沈船啦！」他氣喘吁吁，上氣不接下氣地說，驚慌和緊張寫在臉上，讓「蘆筍」也膽顫心驚，「蘆筍」揉揉眼睛，整個人清醒了，環顧四周好好的，以爲小東最近心情不好亂作夢。

「別鬧了，那有沈船！」

「我的房間全都進水了，眞的沈船了！」小東煞有其事地說。

「蘆筍」走到他房間，海浪一波波沖進來，淹沒腳掌，小東的房間成了水鄉澤國。

「蘆筍」巡視四周，沒好氣地回他：「小東，你嘛幫幫忙，是你的窗戶沒關啦！」

「喔！」小東這才鎮定下來。

船沒沈，但床已濕，小東睡不著，無奈地整理床鋪，扛著棉被到甲板，期待白天的陽光將它曬乾。

小東「沈船」的笑話雖然只在我們「四人幫」裡流傳，但德群輪即將進入百慕達三角洲，聽說那裡發生船難和空難的次數特別多①，船一開進去就沈，飛機一飛過就消失，如果將這兩件事稍作連想，挺嚇人的！

「百慕達沒什麼啦！不用自尋煩惱。」船長安慰我們，但隨後卻說出幾年前他所帶領的船隻經過百慕達發生測不出位置的情況，舵手用六分儀測船位，過了四個鐘頭，船仍在原地，聽了令人毛骨悚然。

我特別注意海的顏色，確實不一樣，是一種混濁又帶點詭譎的淺綠色，海面盡漂著無數的海藻，寧靜的海給人非常不舒服的感覺。至於爲什麼這帶海域會聚集這麼多的海藻則眾說紛紜。在白天，海藻的神秘現象猶如灑在水中的奶水擴散後的混濁；在夜晚，海藻又變成恐怖的海底光條。許多人晚上航行至此，發現海面下有神秘光線晃動，甚至呈放射狀向四方散去，並不停地旋轉著。

百慕達三角洲位於美國東岸的大西洋中，它是由美國佛羅里達州的尖端，加上西印度群島的東端，所圍成的三角形區域。聽說在百慕達三角洲的海域，因爲海水對流的關係，會產生大量的陰離子，干擾地球磁場，這區域隔離了地球的磁場，所以船隻或飛機經過時，由於無法得到正確磁場的指引，常常失去方向，因此在百慕達三角洲容易造成船隻和飛機離奇失蹤。

▲搭乘快艇奔馳於密西西比河上，右後方遠處為卸貨中的德群輪。

出了百慕達三角洲，我們的心情還原，連海的顏色都變漂亮了。

代理行打電報來說，在美國卸完貨之後，順道到紐奧良及佛羅里達州的坦帕（Tampa）裝肥料，經巴拿馬運河到南美洲的智利卸貨，再到美西的洛杉磯加油。

隔天，船長收到電報，對我們宣佈一個消息：「船公司說，實習生在美國不得返台，只有在遠東地區方能下船返台。」

這消息早在意料中，不過還是令人憂喜參半，喜的是可以多看幾個國家，憂的是拖延返鄉時間。回房間把整理好的行李一一拿出來歸位，連被撕下來的海報都貼回去，走出房間吐

▲紐奧良的法國區（French Quarter），當時正好遇上電影公司在取景拍片。

一吐悶氣，往好的方面想，馬上就可以看到巴拿馬運河的風景還有南美洲的熱情女郎，而且可以省下近六萬塊的機票，再過幾天就可以完成「環遊世界一週」的壯舉，應該喜多於悲呀！

航行十八天，我們在八月十五日再度到達新大陸，船慢慢朝著世界第一大長河密西西比河②航行，隔天凌晨一點多，終於來到目的地下錨，移民局隨即上來在shore pass上蓋章。早上到甲板走走，好美麗的河道風光，只是離市區比較遠，不過這地方雖然荒涼，卻可以用VHF（高頻無線對講機）呼叫快艇來載人。

下午我們眞的叫了快艇，和「蘆筍」、小顏、大管、報務主任五個人隨代理行的人到小艇碼頭，其中代理行的負責人李先生帶我們到紐奧良市中心法國區（French Quarter）參觀。

紐奧良以前是法國人的，後來由英國人買下，法國區這一帶有比較高檔的餐廳、酒吧、服飾店、紀念品店，比較特別的是，這裡賣的東西都標示著「一九八四年World Fair」，原來一九八四年（就是今年）的萬國博覽會在這裡舉行。

紐奧良的黑人之多令人咋舌，因爲以前非洲居民到美國就先在密西西比河登陸，又因美國南方的農場較多，紐奧良周圍都是綠野平疇，他們也就理所當然在這裡落地生根。

郵局的工作人員，麥當勞的服務生，路上的行人幾乎都是黑人。聽說紐奧良一到晚上就是黑人的天下，白人都不敢出來走動，再刻意注意一下四周，個個青面獠牙，像是有攻擊性，我們不敢久留，只好打道回府。

這時剛好遇到報務主任跟大管，於是我們五人一起搭計程車，這位司機一樣是黑人，當他知道我們的目的地是ferry station（小艇碼頭）時，立刻決定不按表計費，「這裡的價錢是每人五塊錢。」他理直氣壯地說，我們想，沒差多少，算了！便回答：「OK！」沒想到這老兄車開到一半居然伸手跟我們要錢，這舉動讓大家很不爽，我們心想：拜託！這是你們的地盤耶！難道我們會佔你便宜嗎？幾個人商量之後決定不坐了，改搭另一部車。

另一部車的司機是越南人，規矩多了，到達ferry station才七塊錢，足足便宜十八元，還好我們及時做出明確的決定，不然就被坑了。

第一天到紐奧良的印象，完全被黑人破壞。

不過對沒到過市中心的人來說，紐奧良還是充滿著吸引力，隔天大廚就迫不及待下船，按理說，他要在船上掌廚不能下去，但他心癢，於是拜託水手長幫忙打理餐點，還開一張菜單給他，沒想到水手長把大廚那小氣鬼開的菜單全都取消，換上新菜單。

午餐是清蒸黑鯛、清蒸螃蟹、紅燒排骨和排骨湯；晚餐是烤雞、清蒸大蝦、炒波菜和榨菜肉絲湯，這些菜平常幾乎都是主菜，手藝極佳的水手長居然把平常的主菜集合起來，讓大夥大呼過癮！不過想必大廚回來，一定氣得臉紅脖子粗。

德群輪經過放大洋後，油也用得差不多了。

油駁船預定六點來加油，卻遲到七點半才來，足足晚到九十分鐘，這兩位老美遲到的理由是因爲「週末度假」所以遲到，見他們態度不錯，禮貌周到，我們也就算了！總共加了三十噸的A油、九百多噸的C油，機艙共出動七個人，直到十二點多才完工。

▲1984年萬國博覽會在紐奧良舉行。

做完重要工作，隔天大夥一起參觀世界博覽會。

八月十九日豔陽高照，我和小戴、小傅、二管、三管一行五人在交辦店（伙食供應商）廖先生的帶領下來到博覽會門口，我可是第一次參觀世界博覽會喲！

我先搭單軌電車繞場一周，心裡先有個參觀藍圖。

博覽會門票不便宜，一張十五塊美金，參展國家都使出渾身解數，把最好的一面表現出來。每個會場都以短片介紹該國文化、特色、建設，這種「小而美」的解說令人收穫不少。

例如：美國館的油井展覽就讓人瞭解鑽油事業的艱辛，這令我對紅海

▲「企業號」太空梭現身於會場。

海面上的油井有更進一步的認識；另外美國館的立體電影，Louisiana Journey的鄉村之旅影片也吸引很多人；最令我流連忘返的是大廳內的鄉村樂團演出，讓一些上了年紀的老公公、老太太彷彿又回到年少時代，個個跟著拍子又跳又唱，有時還摻雜著幾聲由老太太口中傳出的尖叫聲，實在令人羨慕！美國老人的樂天氣息，一副人老心不老的模樣，是咱們東方人無法相比的。

此外，進口處連接了長達半公里的Wonder Wall，旁邊也有不少樂團做露天演唱，吸引不少遊客駐足欣賞。

各角落各式各樣的表演，比如水上芭蕾、高空跳水、爵士Band等等，其中高中、大學的啦啦隊表演也令人百看不厭。

晚上的show更正點，Air Supply樂團晚上八點就在美國會館前演唱，The Cools也排上表演榜，還有許許多多的band都來了，尤其當天適逢禮拜天，好節目之多可想而知，我原本想繼續留下來，但大家約好車子和ferry的班次，只好忍痛離開會場。

八月二十二日星期三，鋼板的貨如期卸完，甲板部的人在水手長的帶領下，又開始邊玩水邊賺外快（通常洗貨艙由當地工人負責，不過本船委由甲板部同仁負責，公司再付他們一些洗艙獎金）。

他們用強力水柱沖洗貨艙③，由於這次載的是鋼板，貨艙全是油漬，只見他們灑下肥皂粉後用刷子大力刷洗，這次的錢可沒那麼好賺，上一次載小麥，隨便沖幾下就清潔溜溜，大筆美金進口袋，這次可有得累囉！

洗完艙，德群輪離開紐奧良，循著密西西比河上溯到同屬路易斯安那州的唐納森威爾港（Donaldsonville）載肥料到南美洲的智利。

備註：

①根據美國海岸防衛隊的統計資料，在近一百年內，處理了八千件以上從百慕達三角洲發出的求救

信號，有船舶五十艘和飛機二十架以上在此出事。

②密西西比河：數千年前，當原住民第一次看到密西西比河時，就叫它「Mississippi」，是「大河」的意思。事實上密西西比河非常非常的大，它橫跨美國十個州，全長三千七百七十九公里，幾乎是北美東西的總長。密西西比河北源於加拿大邊境，南流入墨西哥灣，末端就是紐奧良港。

③沖洗機艙用的水，如果放大洋就直接抽海水沖洗，最後再用淡水沖一次（否則會生鏽）。紐奧良是河港，底下就是淡水，可直接抽淡水沖。取水的地方叫海底門，位於機艙內，一打開海底門，海水就會湧進來。以前作戰時爲了不讓敵軍俘虜自己的船，船長會下令打開海底門，讓船沈沒。所以上船前老船員千交代萬交代，什麼閥都可以開，就是海底門不能亂開，當然海底門的閥不容易打開，因爲上面螺絲鎖了十幾個。

73.08.22—73.08.23

紐奧良(密西西比河)→唐納森威爾(密西西比河)

第五航次

73.08.23—73.09.27

唐納森威爾(密西西比河)→佛羅里達州譚帕

→(經墨西哥灣、加勒比海、

自大西洋經巴拿馬運河到太平洋)

→智利潘可Penco

第三十三章

巴拿馬運河的智慧

七十三年九月五日，德群輪經過巴拿馬運河進入太平洋………

我終於環繞世界一周了，雖然不是每個國家都經過，

卻是三百六十度的繞了地球一圈，在我個人的人生史上，

這是具歷史意義的一天！

密西西比河很長，最寬處，連兩岸都看不到，它夾帶大量淤泥，這條美國最大的河奇髒無比。

凌晨三點，德群輪在Barton Rouge市郊的唐納森威爾河道中等待驗船師驗船（通常由已退休的輪機長擔任，檢驗船是否做了定期保養和維修，合格後才能航行），由船頭望去盡是荒郊野地，所幸在這裝肥料只需三十個小時，預計後天就可以離開。

在唐納森威爾裝貨的空檔，擔任伙委的我和「蘆筍」趁機購買了三千六百美金的伙食（約十二萬台幣），動用第五號吊桿，來回十幾次才將這些食物吊上船，然後費力地將它從甲板搬到冷凍庫。

「剛剛不是很多人幫忙嗎？怎麼只剩下你們兩個？」輪機長見我們搬得汗流浹背，關心地問。

一些聰明的傢伙全聚集在送貨車旁，感覺像是幫忙，實際是趁機收集「贈品」，因爲食品店的老闆送貨來時，會順道帶些煙、酒、打火機、T恤、帽子、罐頭等紀念品，他們就在旁邊一一收集。究竟誰在幫忙，誰在收集東西，一眼就可看出來。在這種大熱天還穿大衣的就是收集贈品的，他們把那些東西塞到大衣口袋裡，鼓鼓的，等送貨車一走，他們就跟著離開，剩下來認眞工作的反而連一件「贈品」都拿不到。

忙完伙食後，輪機長吩咐大廚開始張羅酒席相關事宜，原因是船長確定在巴拿馬交接，明天將舉行「歡送會」。

隔天，廚房多了六、七位「廚師」，經過上船幾個月的訓練，不少人都練就一手好廚藝，隨便露兩手就是一盤佳餚，手藝突飛猛進的讓大廚直嚷著要丟飯碗了。

大廚滿場飛舞，像個大活寶。

每道菜他都精心設計，每種口味都很獨特。席中，大夥舉酒乾杯，互相祝福，雖然過去彼此互有恩怨，但此刻早已煙消雲散，船長藉機談談下船後的計畫，我們則幫他回憶在船上的點點滴滴，尤其德群輪至此爲止一路平安，大家都歸功於他的智慧和領導有方，席間盡是一片和諧，不管從前有什麼恩怨，現在個個喝得盡興，互相乾杯，或許在這個世界，眞的沒有永遠的敵人吧！

船繼續上溯到五、六海浬的地方裝肥料，夜間航行，景致豐富多變化。熱鬧地區彷彿正進行慶典活動，繁華如大城；荒涼地區則一片黑暗寂靜，彷彿死城。美國的鄉間道路晚上沒有路燈，圍繞著大地的是滿天星斗。

「返鄉腳步越來越近，人也越來越緊張。」輪機長喃喃自語地說，他指的是船長。

禮拜天早上五點，船長就通知大家五點半要stand by，甲板部在船艏、船艉，輪機部在控制室，等了一個半鐘頭，卻一點下文也沒有，連領港、拖船都沒來，船長不好意思，只好請大家先吃早點。

七點二十分領港上船，船長一看，又迫不及待地按下stand by的鐘，吃早餐的人吃到一半，只好放下碗筷再度集合，但一等再等，仍不見拖船的影子，禮拜天耶！放假的日子，一大早把我們叫起來「等待」，搞什麼鬼？大家火氣上升，前一晚很多人凌晨三點才睡，睡不到兩個鐘頭，沒火氣才怪！

這時船長拿不定主意，只好透過廣播器說：「拖船大概還要半小時才來，大家先休息一下。」我們一聽，幹聲連連，連船上最斯文的電機師也冒出三字經，結果拖船到八點半才出現，大家沒事被整了三個多小時，眞是一肚子鳥氣！

輪機長說：「老**K**（船長）快變成『希屈考克』第二了。」可能是越到最後，越希望好好表現，交接前不要出狀況，才會緊張兮兮。

八點四十分德群輪離開唐納森威爾，前往佛羅里達州的坦帕（Tampa）繼續裝貨。

進入墨西哥灣，海上全鋪滿了海藻，除了德群輪航行時理出一條水道，幾乎看不到海水，這倒是一大奇景，讓人大開眼界。

沒多久，在甲板部工作的「蘆筍」跑下來告訴我另一個「奇景」，原來他們看到難得一見的「龍吸水」。整條水柱垂直地捲上天際，有如希臘古老神話殿堂的擎天大柱。老船員說：「龍吸水」是龍捲風造成的，龍捲風過境，強勁的風力把海面上的水像空氣一樣吸上去，場面非常壯觀。

「你怎麼不下來叫我上去看呢？」

「拜託！時間很短，只有幾秒鐘而已。如果下去叫你，我自己就看不到啦！」

所以甲板部的人得意地說：這趟坦帕之行，光是船上風光就夠豐富有趣的了。

經過兩天的航行，終於來到坦帕。

坦帕港眞是生意興隆，來來往往的船隻不知凡幾，美國工人忙著裝貨、卸貨，碼頭顯得熱鬧非凡。

大副突然召集大家，宣佈「淡水管制」，聽說淡水目前只剩十五噸，要我們省著點用。我迷糊了，在美國這種地方，加油、加水不但方便，而且便宜，爲什麼要管制呢？

原來，他打算過巴拿馬運河時，「偷」運河頂端淡水湖泊的水（很多船隻都到那兒把海底門打開，抽淡水上來），大副「偷水」的用意只是想讓上司誇他說：「嗯！不錯！處處替公司著想。」可是運河的淡水不見得乾淨到可以飲用。

美國工人裝肥料時，代理行開著Oldsmobile的車子來載報務主任去考試，原來他還有一科沒通過，「其實，他還不是正式的officer！」聽得大家哈哈大笑。

小顏一聽說有便車可搭，硬拉我陪他去shopping。

這趟行程除了買私人用品外，最重要的就是幫輪機長買八四年奧林匹克運動會的紀念郵票，適逢八四年奧運在美國如火如荼地舉行，各大城市都在賣相關紀念品，我們也趁機買了不少東西。

逛完街，打電話給交辦店（伙食供應商），他們一聽是衣食父母（我是當月伙委），馬上開轎車接我們回船上。

甲板上，一群金髮美女舞動阿娜多姿的身材，一看到她們，shopping的疲憊一掃而空。我快速鑽進舞堆裡，和大夥一樣邀她們共舞，音樂讓人沉醉，美女則讓我陶醉。

「你們什麼時候離開？」漂亮的舞伴深情款款地問。

「明天！」

「喔！眞的是明天？」她很失望。

「對！除非有突發狀況，不然明天就要離開美國。」

她顯得依依不捨，我們跳了好幾支舞，入夜後，是說再見的時候，她感性地剪一撮金髮送給我。

啊！我們才認識幾個鐘頭呀！收下珍貴的「禮物」，就寢前寫日記時，乾脆貼在當天的日記頁裡，以紀念這短暫的邂逅。

開船前，每個人都跑去打電話回家，因爲接下來的行程對我們這一群實習生而言是特殊的，德群輪離開美國，經墨西哥灣、加勒比海進入巴拿馬運河後，將重回太平洋的懷抱，這表示我們繞了地球一圈，想到這裡，每一個人都非常亢奮，公用電話前大排長龍，每個人都急於將這個好消息與親朋好友分享。

陽光，碧海，棕櫚成群的白色海灘，到了加勒比海，一個被哥倫布形容是「全球最美好、最豐饒、最快樂、最具魅力」的地方。

這塊熱帶樂園擁有宜人的氣候、肥沃的土地，和得天獨厚的天然美景。由於特殊的天然環境，因此歐洲各國競相爭奪此地的所有權，使得加勒比海各島分別呈現英國、法國、荷蘭、美國等地的文化遺風。

加勒比海島國人民的祖先來自世界各地，包括華人、印度人、歐洲人，還有當年從西非被抓來當農場勞力的黑奴，種族的多元化孕育了加勒比海各島國熱力四射和多采多姿的文化風情。

德群輪經過加勒比海的時間不長，以至於我們沒有太多時間欣賞這片人間樂土。不過這裡舉世聞名的「嘉年華會」，卻令人津津樂道。輪機長就對這裡的文化小有研究。

他說：加勒比海有一種「鐵汽油桶音樂」，在當地又叫「鍋子音樂」，源自於西非黑人的傳統鼓樂，是奴隸在主人的禁令下所保存的一種音樂。

所謂的「鍋子」，是老舊的金屬油桶，切去桶子的底層，頂部以槌子搥成凹陷後，敲擊所發出的特殊聲響。這種鍋子可以技巧地演奏出極寬廣的音域和聲調，在加勒比海的嘉年華會中，扮演著重要的角色。

德群輪進入墨西哥灣時，船長居然下機艙來，他難得下機艙，原來是爲了借用機艙的車床車「烏沉木」，「烏沈木」價值連城，那是在印尼期間，一位廠商爲了攀關係送給他的。

隔天，輪機長也帶下來一根「烏沉木」，仔細一看，那不是昨天船長帶下來的木棍嗎？原來船長昨天下來車木頭，雖然那根烏沉木很漂亮，卻被他自己搞砸了，把三分之一的烏沉木弄裂，只好叫輪機長幫他「車」，這時輪機長可跩了，他說：「要是每個人都會的話，那麼幹機艙的就不值錢了。」

說曹操曹操到，話一說完，船長就打電話進來，他聲調急促，催我們說：「快！我們要趕快到巴拿馬，趕快加車（加快）。」經他一催，德群輪從經濟航速的一百二十三轉加速到一百三十五轉，不到十分鐘，他又打電話進來：「看能加多快就加多快！」於是再度加速。

「奇怪，爲什麼這麼趕呢？」我們異口同聲地發出疑問。

「可能新船長已經抵達巴拿馬了。」

大家話題繞著船長異於常態的作爲，輪機長卻天外飛來一筆，沾沾自喜地展現他的傑作：「你看，車得怎麼樣？」他把一根烏沉木車得有稜有角，眞的很漂亮！

由於整天「加車」，我們都覺得氣缸怪怪的，警報直響，怎麼找都找不到問題，爲了安全起見，只好將整個警報器換新，原來是警報器接觸不良。

快馬加鞭地「趕車」，終於在隔天早上五點進入巴拿馬範圍，六點抵達CRISTOBAL（這是一個港區，排隊進入巴拿馬運河的地方），領港、檢疫都上來了，約莫過了十分鐘，另一艘快艇由代理行帶著新任船長走馬上任。

他姓何，海軍官校三十八期畢業，年紀約五十六、七歲左右，瘦瘦的，個頭不高，有點軍人個性，曾與他同船的大副和水手長說，他爲人客氣和藹。不過，船長和實習生的距離太遙遠，我們聽一聽，沒太大的感覺。

新任船長一到，船開始緩緩往巴拿馬運河前進，六點半進入閘道，這閘道很窄，最大只能容納五萬八千噸的船進入，再大一點就不行了，只見前面的船正節節上升，像搭電梯一般，眞新鮮呀！

▲建造運河的歷史照片。

巴拿馬運河建於一九一四年，連接南美洲、北美洲的狹窄地帶，同時它也是大西洋和太平洋距離最近的地方（由地理位置來看，巴拿馬運河的左右兩邊各是太平洋和大西洋），但大西洋和太平洋中間有高山，有湖泊，於是建造運河的設計師和工程師克服萬難，包括克服內陸全年的濕熱，茂盛的熱帶雨林和沼澤低地，還有瘧疾、黃熱病帶來的威脅，花了近十年時間，動用三億八千萬美元，才從沼澤和雨林間開出一條通道建造完成。

巴拿馬運河長約八十公里，由於兩大洋水位與中間湖泊海拔高度的差距，只好設計「機械式閘門」。水位放低，放到跟外面大西洋的水位一樣高時，閘

▲德群輪於夜間進入巴拿馬運河。

門一打開，船開進去，閘門關起來，開始灌水，水漲船高，有如坐電梯般扶搖直上，待水位漲到與第二道閘門一樣高時，閘門又打開，船開進去後閘門隨即關上，又再次灌水，船繼續漲，過了三組水閘，升高至距海平面二十六公尺處的淡水湖泊區，經過幾個小時的航行後，再藉由另一邊的水閘降至海平面。

一進閘門，我們才發現，巴拿馬運河航道實在很窄，工程人員爲了擔心船隻撞到兩邊的堤岸，船的前後各有兩條鋼纜，分別由四部小火車藉鋼纜控制船體（巴拿馬運河的兩邊設有鐵軌），移動時，火車的齒輪還會發出「喀喀」聲響，船的前進是靠船本身的動力，小火車則控制船的速度以防止擦撞兩岸及剎車之用，而船的行進，都由當地工作人員發號施令。

這些人非常友善，左一句「阿米哥」（AMIGO，西班牙語，「朋友」之意）右一句

「阿米哥」的，叫的非常親切。

巴拿馬運河的淡水湖泊，就是大副想要「偷水」的地方。此地一年之中有九個月爲雨季，所以淡水源源不絕，整條運河都是淡水，很多貪小便宜的船隻都會趁機「偷水」，以節省買水的經費，德群輪原本也打算這麼做，後來因爲淡水還要過濾的關係，最後決定放棄。

▲銜接大西洋與太平洋的巴拿馬運河。

▲巴拿馬運河地理位置圖。

巴拿馬運河沿岸風景迷人，兩岸有青翠高山，河面很窄，有如長江三峽般壯麗，不禁令人想起李白的「兩岸猿聲啼不住，輕舟已過萬重山」。

整個過程歷經十個小時，在節節高升、慢慢下降的過程中，德群輪重回太平洋的懷抱。

一九一四年前，也就是在巴拿馬運河建造之前，船隻若要從大西洋到太平洋，得繞過南美洲最南端的合恩角，航行時間約爲二十一天；運河建造完工之後，東西航程縮短約一萬兩千海浬，歐亞航程也縮短爲八千海浬，只需花費十幾個小時，相較之下，節省許多時間及燃料，這項傑作也被譽爲「智慧之河」。

凌晨兩點三十分，即將卸任的船長將行李放在左舷，等待代理行的交通船，兩點四十二分，他隨著小艇走了，身影越來越小，只見小艇尾後的泡沫點點消失，但願我離開時，也能像他一樣，扛著行李，瀟灑地走出德群輪，步上回家的路。

九月五日德群輪經過巴拿馬運河進入太平洋——我終於環繞世界一周了，雖然不是每個國家都經過，卻是三百六十度的繞了地球一圈，在我個人的人生史上，這是具歷史意義的一天，實現了進海專前所許下的心願。爸爸、媽媽，我做到了！在今天，七十三年九月五日終於實現了！哦！實在太興奮了，簡直像作夢，眞不敢相信！

德群輪繼續朝智利開航，預計九月十五日即將抵達卸貨港——San Vicente。

第三十四章

智利的女人

這邊的女孩對愛有一種「宿命」，如果你們曾經在一起過，

她就當是你的人，寸步不離地跟著，不管白天或深夜。

九月份在北半球還挺熱，但在德群輪進入南半球的太平洋海域後，天氣一天比一天涼爽。這時候當地應該是春天，過了赤道，船直線往南行駛，氣溫慢慢從三十度、二十四度、十八度一路往下降，好久沒穿的長袖衣服，終於又派上用場。

船的搖晃時大時小，雖然外面溫度一天比一天低，但機艙仍有四十二度的高溫，過巴拿馬運河不到三天，輪機長突然宣佈「吊缸」。

好日子沒過多久又得吃苦頭了。

我和三管兩人把汽缸頭上所有的配件拆下來，忙了一個多小時，熱得渾身是汗。這次的吊缸和以前不一樣，連曲軸都得拆下來，拆曲軸需要一些功夫和技術，尤其螺絲鎖的角度根本沒辦法用手去鎖，因爲看不到，所以必須用鏡子伸進去對準角度，再扛一個長一百五十公分，重二十公斤的套筒扳手對上去，找出最適當的角度鎖上，既不能太鬆又不能太緊，還得以小鏡子對照著，工作之艱難可想而知。

前後共花了兩天半的時間才吊缸完畢，剛上船時第一次吊缸花了五天，這一次只需要一半的時間，表示大夥的技術已日趨成熟。

早上起來頗有涼意，套上長袖T恤，掙扎地爬上二樓，今天是吃稀飯吧！到廚房一看，卻是豆漿、饅頭。

▲與「蘆筍」趁在紐奧良上伙食時「摸」了一個西瓜，邀衆家兄弟至Tally Room 大快朵頤。

以前剛喝豆漿時頗令人回味，日子一久也失去了新鮮。有時候大廚的手藝眞叫人不敢領教，例如豆漿，其實應該稱之爲「豆水」，一碗永和豆漿到大廚手中可稀釋成三大碗，更糟的是今天的饅頭，像是白色的「芋粿」——沒有發，一口咬下，那股剛忘掉不久的「蟑螂味」又來了，八成是麵粉又長蟲，只好隨便煎兩個蛋，再下一碗自製的鹹豆漿了事。

德群輪過巴拿馬運河之後，離智利的腳步越來越近。

以前對智利的印象來自地理課本，有如一條狹長的大蟒蛇般盤踞在南美洲西海岸；船上老船員對智利的印象則來自過去的經驗，聽說智利民風開放，姑娘熱情，常令人樂不思蜀……

九月十五日早上起床覺得全身舒爽，船不搖，不晃了，一望無際的青山翠谷，山峰上還有晨霧，山腰下三五民房自成一個聚落，這裡是智利的潘可（Penco），原本貨要到聖維森特（San Vicente）卸的，船公司臨時打電報來，貨才轉卸此地。

沒多久船就靠上碼頭，美其名爲碼頭，其實是一條長約兩千公尺的「輸送帶」和一個機械抓斗所組成的地方，抓斗將船上的肥料抓到輸送帶上，由輸送帶運到兩千公尺盡頭的工廠，輸送帶旁邊有條平行長達兩千公尺的人行道，這兩千公尺得走上半個小時，是個很特別的「碼頭」。

「來！一起拍張雪景。」「蘆筍」提議拍照。原來運送到智利的肥料像一顆顆白色的保力龍，有火柴頭那麼大，工人抓肥料時，一顆顆肥料如「雪片」般飄來，像下雪，「就用這裡當背景拍吧！別人一定以爲我們在雪地裡。」仔細一看「蘆筍」出的鬼點子還眞有幾分道理，於是我們穿上厚重的衣服，就這麼拍了幾張雪景，拍完後，「蘆筍」對他的創意頗爲得意。

由於是「沙岸」地形，所以船到這裡都以下錨或繫浮筒的方式卸貨，港灣很大，只有兩艘船，冷清了點，感覺卻比印尼好，因爲這裡進步多了。

下午，咱們「四人幫」換上便裝出去散步，沿著輸送帶旁邊的人行道往岸上走，步道的出口在「天的那一邊」，眞想打道回府，不過，若不下船就無法體會智利的風土民情，只好往前走。

一下去，在海邊戲水的少男少女個個跟咱們問好，原來熱情的智利人不會因爲天寒而降低她們的熱情，這裡的男男女女一面用好奇的眼光看著我們，一面用友善的笑容歡迎我們，左一聲「阿米哥」，右一聲「阿米哥」，感覺十分親切！一個混血小孩熱心地充當導遊，帶我們來到一處海濱公園，只見沙灘上一對對熱戀男女，躺在那兒難分難捨，幾個小朋友踢著足球到處跑，爸爸帶著孩子在沙灘上放著風箏，眼前的景象感覺十分悠閒！

九月十六星期日，大家由於「憋」太久了，加上在歐美沒啥機會，今天大夥開始「摩拳擦掌」。

來過智利的人提供不少資訊，咱們也不落人後，短時間內已經探聽到不少有別於老船員的「好玩地方」。

小東一大早就和阿清到立昆（Lirquen），那是離潘可大約二十分鐘車程的小鎮，我下班後也搭巴士過去。

這裡的巴士約台灣公車的三分之二大，車上擠得滿滿是人，他們大部分是上教堂做禮拜的，車上漂亮的「妹妹」很多，穿著也不錯。

▲公園裡到處都是充滿活力的智利小孩。

巴士從潘可到立昆，經過很多坡段，只聽到老爺車發出「噗、噗、噗」的聲音，都快爬不上去，一會兒上坡，一會兒下坡，在蜿蜒的山路開了十幾分鐘才到立昆小鎮。立昆與潘可跟台灣三十年代的鄉村差不多，不過立昆相較之下稍微熱鬧些，鎮上有酒吧、商店和舞廳，所以大夥趨之若鶩。

台灣來的「漢隆輪」剛好就停在立昆的海灣中，我們停這頭，他們停那頭，我們這邊叫潘可，他們那邊叫立昆。

巧的是「漢隆輪」也是從紐奧良、坦帕載肥料到智利來。一到「漢隆輪」拜訪，就看到小東、阿清正跟他們聊天，他們幾乎都會講幾句西班牙話，並能以西班牙語跟卸貨工人溝通。原來「漢隆輪」是定期航線，每個月會從美國載肥料到中南美洲卸貨，再從智利載些貨到美國東岸，因爲是定期航線，所以智利像他們的第二故鄉，言談中，他們從不避諱地說：「晚上要到老婆家吃飯。」在我們欲離開「漢隆輪」時，他們自告奮勇地要帶我們去見識見識。

他們堪稱「識途老馬」，因爲在立昆，舞廳或酒吧從外觀完全看不出來，這裡沒有任何特別的標示，若是我們自己來，找一整天也找不到。

不過我、小東、阿清三人晚上還要回去值班，小顏和「蘆筍」星期天不用上班，所以我們回去，他們留下來。離開前，「蘆筍」跟我說：「晚上十二點會叫計程車去接你。」

隔天凌晨，「蘆筍」和他的跟班①叫了一部計程車到潘可來，隨後跟著一起到酒吧，進去一看，「她們」並不怎麼樣，口味也不合，後來才知道漂亮小姐都被「漢隆輪」的船員帶走了，因爲他們明天一早就要離開。「蘆筍」的跟班只好陪我們一家一家找，怎奈都找不到，只好再包計程車回潘可。

此時已經凌晨兩點，車站附近卻熱鬧非凡，他們搭著一個個帳棚，歌聲震天價響，跳舞、唱歌完全無視於黑夜的寧靜。原來後天是智利的國慶日，還有人在公園裡張燈結綵，大概要舉辦園遊會、慶祝會，當地人就這麼徹夜狂歡。

「徹夜狂歡」的不只當地人，三管、小吳、小胤三個人在外過夜，大管、電機師、二管半夜三點才回來，所以遲至隔天早上九點才上工，這在船上是破天荒的事，只見他們臉色蒼白，欲振乏力，不過今天「漢隆輪」已經離開，想必正點的女人一定不少，晚上大家又有精神了！

船上有個不成文的規矩：就是不碰同船同事睡過的女人，除非同事放棄這個女的。這邊的女孩對愛有一種「宿命」，如果你們曾經在一起，她就當是你的人，即使上酒吧尋歡，她也寸步不離地跟著，不管白天或深夜。

智利的情況可以說是第二個泰國，上自船長下至實習生，幾乎「傾巢而出」，所以對大家來說，自從離開泰國之後又再一次來到「人間樂土」，大夥上班時是一條蟲，下班後是一條龍。

大體來說，智利是個治安良好的地方。這裡屬於軍事統治，大家都怕警察，一看到警察拔腿就跑，他們的警察個個煞有其事似的，高大威武，穿著一身筆挺的橄欖綠軍裝，戴大盤帽，腳上穿黑色的大馬靴，精神抖擻，走在路上都會發出「喀、喀、喀」的聲音，一站在大馬路上，只見老僧入定，沒人敢造次。

警察在智利人心目中是權威、不苟言笑的，但看到我們卻非常和藹，還會主動招手說「阿米哥」。不像美國警察，見到東方人就查證件，好像你是偷渡來的，出個海關也把你查得亂七八糟；在歐洲，還好，警察好相處；在智利，我們覺得備受禮遇。

▲康塞普森 悠閒的午後。

九月十八日是智利的國慶日，我和「蘆筍」兩人搭車到附近的城市康賽普森（Concepcion）。

會去康賽普森，源於前晚從收音機聽到的流行音樂節目，節目接近尾聲，主持人總不忘加一句「……Concepcion」，有點類似台灣ICRT節目最後的一句「Taipei」。我們就問當地工人這裡是否有個叫Concepcion的地方，果然有！還是個大都市，於是跟「蘆筍」說：「去Concepcion見識見識吧！」

康賽普森離潘可也很近，搭車大約二十分鐘，不過這一趟行程卻讓我對智利大大改觀，公路寬闊筆直，非常現代化，兩旁是高聳的美洲杉，有點像美國跨州的州際公路，台灣的公路根本比不上這。

康賽普森有先進的人行步道，讓每個人可以悠閒地享受散步或逛街的樂趣。這裡的人個個穿著入時，衣著光鮮，公園，廣場，路邊的長椅上都坐滿享受初春陽光的人們，充滿活力的少男少女，時髦的活蹦亂跳。

置身於康賽普森才讓人覺得智利貧富懸殊差距甚大，這裡有穿著貂皮大衣的淑女，風度翩翩的紳士，但在潘可，有的人連禦寒的衣服都沒有。

隔天我們清理氣缸，電機師跟小吳因爲昨天出去過夜，電機師早上九點多才回來，小吳到中午還不見人影，這下輪機長發火了，發誓等他們回來後，要狠狠訓他們一頓。

不久，小吳、報務、三副回船了，並帶回四個「妹妹」，而厲害的是二副早已帶一個在房間。原來他以「有必要邀請當地友人上船吃飯」爲由，要求船長「打單子」，蓋船章，船長居然答應了。這種事在船上很快造成騷動，大家紛紛「比照辦理」，而新上任的船長大概想讓大夥嚐嚐甜頭，全都答應，船長這一「德政」引來一片叫好之聲，每個人拿著「船單」一一飛出去找女人上船來。

不過，船長的「德政」有效期限不到半天，問題就來了。

晚上八點，當地警察用VHF呼叫，要「她們」立刻下船，否則將有麻煩。我們猜，工廠放行的警衛可能向當地警局回報，才造成這種結局。

不過，大廚、老洪不知道這個消息，全被擋在門外，只好悻悻然地去旅館。後來二管、三管、阿清帶的女人也都被擋在門外，不過「道高一尺，魔高一丈」，阿清想出一個

「好主意」，他買通當地的船伕，租來一個舢舨，將這些女人偷渡上船，船伕看在美金的份上，眞的把她們載到船邊，再登舷梯上船。

阿清的「壯舉」讓我們大大佩服不已，他甘冒被罰鉅款的危險，硬是要把智利女郎帶上船，讓水手長忍不住說：「你們這些年輕人，一天三五次也夠啦！總比我這老頭子，三五天才一次強，出了智利，恐怕你們一個個都變成窮光蛋。」

這下「不行」的老王聽了可得意，藉機訓話：「我看你們再繼續下去呀！錢都光了，像我，多省呀！」

「你省？你是『不能用』吧！」阿清沒好氣地回他，他的「那話兒」老是硬不起來，這檔事全船的人都知道。

這一陣子總覺得全身不舒服。因爲在印尼做柔軟操時被小東開玩笑地「壓」一下我的背部是遠因，近因是前幾天吊缸時，一百多公斤重的汽缸蓋因操作不愼滑下來，恰巧撞到腰椎，舊痛加上新傷，只好求助醫生。

這家診所介於塔卡乎阿諾（Talcahuano）與康賽普森之間，起先還害怕不會講西班牙語怎麼辦，沒想到那個年輕醫生見我是東方人，東指Toshiba西指Sony，把我逗得哈哈大笑。然後他問：「痛？」「咦！你在說中文嗎？」他點點頭，這下好玩了，我用英文敘述病情，他用中文回答，一時之間，診療室充滿輕鬆的氣氛，原來他在這裡幫很多大陸和台灣船員看過病，所以會講幾句中文，挺有意思的！

X光片子洗出來後，醫生說脊椎沒問題，只是肌肉拉傷而已，要按時作物理復健，再定時服藥即可。聽了他的診斷，我才放下心中的大石頭。

一早起來卻聽到船期延後的消息，原因是第三艙的肥料在美國裝貨時受了潮，導致整艙肥料都結成硬塊，需要推土機和榔頭去鏟、敲才行，這麼一來，又有得等了。

果眞「早起的鳥兒有蟲吃」，一早起來不只知道船期延後，還分享了電機師的故事。他老兄最近老是夜不歸營，今天又滿臉憂鬱，精神不濟，一問之下，原來他和當地一個女孩玩眞的，她一聽說咱們的船要開，竟哭得唏哩嘩啦，連電機師也感動得老淚縱橫，天呀！電機師當起了「情聖」。

談起這椿異國戀情，他整個人變得異常溫柔，我立刻將這段愛情故事定名爲「老陶的第二個春天」，相信這部感人肺腑的愛情鉅著一定非常賣座，納悶的是下一個港口離這兒車程只有一個鐘頭，如果兩人有心，還可以再繼續交往一段時期，但電機師始終低頭不語。

愛情的力量眞有這麼偉大嗎？電機師五十幾歲，那女孩二十出頭，兩人認識不到一星期，竟會爲這段「父女戀」哭得死去活來，令人百思不解。像電機師這麼節儉的人（不喝酒、不Shopping），好不容易存了五六百美金，現在全都存入「智利銀行」，而且還舉債度日，哦！咱們老陶動了眞情。

另外小傅也沒出去，他是本船的保守人士之一。

「怎麼不下船呢？」我想一探究竟。

他坐在tally room發呆，像是受了委屈似的，後來聽人說：他是在這裡「初嚐禁果」的，而讓他付出「初戀代價」的女郎，卻在隔天當著他的面跟三管跑了，讓他面子掛不住，小傅當場掉頭就走。

回房休息時，恰巧遇到老洪，老洪正要下船，他幾乎天天去報到，所以也慫恿水手長一塊下去，但水手長興趣缺缺，沒想到卻被老洪糗：「庫存別放太久，要清一清才會有新鮮的進來！」氣得水手長拿棍子敲他頭。

備註：

①智利當地有很多年輕人沒工作，外國人一來，他就當起「跟班」，你要買東西，他幫你提東西，你準備付錢時，他會先幫你跟老闆殺價，原本一百塊的，他們有辦法殺到七十塊，然後你再給「跟班」十塊他就很高興，願意隨時隨地爲你效勞。

73.09.27—73.09.28

智利潘可Penco→智利聖維森特San Vicente

第六航次

73.09.28—73.11.18

智利聖維森特San Vicente

→（自太平洋繞過南美洲最南端合恩角到大西洋經福克蘭群島）→巴西維多利亞港

→（沿北緯30度線橫跨大西洋）

→北非摩洛哥卡薩布蘭加 Casablanca

→（經直布羅陀海峽、地中海、達達尼爾海峽）→土耳其Gemlik港

第三十五章

性、謊言、克勞蒂亞

她身上沒有一絲風塵味，
像是一顆懸掛在南太平洋上空的新星，
散發出熠熠的光芒……

在潘可停留十二天之後終於卸完這航次的貨，德群輪將前往智利的另一個港口聖維森特（San Vicente）裝木材，接著到巴西裝鋼捲，運往摩洛哥、埃及、土耳其等地，展開第六航次的行程。

潘可離聖維森特只需一小時的航程，距離很短，船隻出了港灣之後採沿岸航行，只見眼前一艘艘小漁船正在圍捕鮭魚及其他海產①，一群群沙鷗圍著漁船團團轉，遠處層層山巒也被濃雲半遮半掩，像戴了一頂帽子，聖維森特和塔卡乎阿諾的車程只需十分鐘，這表示之後要到潘可、立昆都不難。

聖維森特與塔卡乎阿諾雖只有一丘之隔，建築風情卻大不相同。聖維森特有很多小漁村，港灣也停了不少漁船，五顏六色的房舍大多建在山坡上。塔卡乎阿諾旁的山坡則充滿地中海風味的高級住宅，紅瓦白牆配上古銅色欄杆和小花園，視線良好，採光充足，非常漂亮！屬於「高階層人士」所有，智利就是這麼一個貧富差距極大的地方。

聖維森特港的設備比潘可好，不過也只有四個船席和兩艘拖船而已，由於一下舷梯就踏上「實地」，心裡舒服多了。船剛靠岸，工人立刻上來開艙裝貨，由於木頭尺寸、規格一致，所以裝的速度非常快，而且是一、二、三、五艙一起裝，效率之高令人瞠目結舌。

就工作效率而言，工人的態度是令人稱讚的。不過，晚飯時間，大副卻拿著「貨物裝載」的書籍與水手長討論，沒多久，雙方就因意見不同而吵架，差一點動手，經大家勸解一番才平息爭端。

水手長這人「公私分明」，就事論事，他就專業領域上，有長達二十多年的經驗，大可發表意見，不過大副是有頭銜的長官，於是，吃過晚飯，水手長大方邀大副下船喝酒。

▲他鄉遇故知—巧遇同校同學 羅永忠(左二)。

一到酒吧，水手長老規矩先來個十瓶啤酒，大副也識相，喝完馬上再添十瓶算他的，「一醉泯千仇」也算是船上文化吧！

酒席中，台灣「合森順」公司的貨船也到這裡來，他們的船長、大管、水手長一共十幾個人，令人意外的是同校同屆的羅永忠也在這一行人中，出海十個月，第一次遇到同校的，還彼此認識，這下不喝幾瓶怎麼行，我們在ZORBA（斑馬俱樂部 大型迪斯可舞廳）狂歡至深夜，所謂「他鄉遇故知」，可是人生四大樂事之一。

隔天星期日，同校校友到我們船上「聯誼」，大廚很給面子，我們東一句「大師傅」，西一句「大師傅」，他樂得菜做得又多又豐盛，我們在餐廳邊吃飯邊交換實習心得，眞是特別的一天！

智利的酒吧女郎有兩個特色值得大書特書，一是她們的宿舍通常就在迪斯可舞廳樓上，以方便「營業」；二是營業的女人都得有「注射證明」才能接客，以確保客人的衛生安全，這大概也是大家樂於往這邊買醉的原因。

這裡的女孩很年輕，大約只有十五、六歲。在智利，男生和女生的比例是一比五，就平均值來說，她們在十五、六歲就有性經驗。如果不小心懷孕，生的又是女兒，隔天男朋友就不見了。在這裡上班的人，大部分都是有女兒的未婚媽媽，爲了養家餬口才必須下海。

在眾多女孩中，我眼尖，遠遠地發現一塊「璞玉」，清純可愛學生型的混血美女，二管的馬子說：她二十一歲，叫克勞蒂亞（Claudia），是第一次到這裡來的。哇！眞是太巧了！這跟我寫給同學蘇光照那封信中所虛構的女孩名字完全一樣（蘇光照來信說在日本認識一些女孩，我也虛構在這裡認識一個女孩，名叫Claudia），莫非上天早已注定？

克勞蒂亞懂一點英文，表達能力很強，於是便上前與她搭訕，兩人聊得非常開心，於是就一起離開Disco Bar。聊天中得知，她是剛從外地搬到這裡找工作的，目前和朋友安吉拉合租一個小房間（合租房間通常表示是一般上班族，這兒的酒吧女郎通常一個人住，因爲「營業」方便），難怪她身上沒有一絲風塵味，像是一顆懸掛在南太平洋上空的新星，散發出熠熠的光芒。

十月以後我改値零到四點的班。

中午回到船上才知道，所有大艙除了第四艙（留到巴西裝鋼捲）之外，幾乎全都裝滿，目前開始裝甲板貨了。

這次的貨，裝起來整齊美觀，唯一美中不足的是，第五艙的甲板貨爲每支重達兩、三噸的小原木，從我房間的窗戶往外一看就是一根根的小原木，感覺很不舒服。

「喂！船一俯仰，這些木頭會不會一根根衝進房間來？」

「不會啦！都把鋼纜拉好了，而且這些原木比印尼載的乾淨多了。」

聽水手長說：以前他們在印尼裝木材的時候，原木上常會夾雜蜥蜴、蛇、蜘蛛上船，有一次一條大蟒蛇纏在木頭上也上了船，嚇得大家心驚膽跳。所以，爲了避免那些「動物」再跑進來，我謹愼地關上通往甲板的水密門，以防萬一。

下午五點，代理行的人再度接我看醫生，雖然病情已經好轉，還是要求醫生多給我些藥，因為下一個航程可能長達一個月，屆時有備無患。看病結束，便前往距代理行辦公室只需三分鐘腳程的市中心。

塔卡乎阿諾雖然來過幾次，但「徒步」走在街上卻是頭一遭，走在陽光和煦的街上，還是吸引許許多多好奇的眼光，就連智利特殊的街道景觀之一——擦鞋匠②也緊跟不捨。

走著走著就遇到船上的一票人（包括蘆筍），原來他們的馬子都住在附近，而「蘆筍」和他的女友約八點在市中心見，時間還早，於是他就先陪我去找克勞蒂亞。

一到克勞蒂亞住家附近，這下可好，這裡的房子長得一模一樣，我根本沒記她的公寓號碼，也不知道她住那一間，「守株待兔」不是辦法，只好獨自前往KENT BAR（肯特酒吧）逛逛。巧的是，一到那兒，居然遇見克勞蒂亞，我們倆都很驚喜，於是一起去找「蘆筍」他們，想約大家到ZOBRA度過在智利的最後一晚，但「蘆筍」的女友不肯走（她大概沒有注射證），最後只好我們三人到ZOBRA。

▲初春的塔卡乎阿諾。

幾天和克勞蒂亞相處下來，我們慢慢有了默契，但這回面對面看著克勞蒂亞，感覺不太對勁。

「你嗑藥？」我從她的眼神和舉止篤定看出。

克勞蒂亞面有難色，我一氣之下叫她走開，我不希望最後一夜的喜怒哀樂被一個「神經病」控制。

今夜大夥都抓住最後的機會大肆慶祝，每個人都有伴，唯獨我孤家寡人地坐在角落喝悶酒。原本以爲克勞蒂亞與眾不同，沒想到卻和她們沒兩樣。如果在台灣，一定勸她，但在智利，她與我何干？對於她的嗑藥，我感到十分不解與惋惜。

沒多久，一群女人跑來替克勞蒂亞說好話，她們說：今晚在ZOBRA十人裡有六個人嗑藥，因爲她們知道我們明天要走，大家心情都不好，所以克勞蒂亞也吃藥麻醉自己，她捨不得我走……我聽不下這些美麗的謊言，形單影隻地離開，一個人孤單地奔馳在寂靜的夜裡。

回到船上，卻意外發現小東，他沒下去玩，而且心情很糟。

原來昨天當班時，工人操作吊桿出了點問題，當時他和二副一起值班，便將問題反應給二副，希望他往上呈報讓大副知道，沒想到二副沒有反應裝貨狀況，反而將責任推給小東，結果裝貨時間將延後一天，公司要多付一天的碼頭費用，大副一氣之下要這多出來的一千美金由小東負責，令他十分沮喪。

「我已經反應了問題，是二副不繼續向上反映，怎麼最後怪到我頭上來？」小東忿忿不平，因爲船上已經發生過很多次類似問題，最後都由實習生扛責任，我聽了也替他打抱不平。

除此之外，今天他也爲大副臨時決定不能調班起了口角，看來他們的關係是越來越糟了。

備註：

① 在智利買一罐鮑魚美金兩元（當時合台幣八十塊），現在要六、七百塊。很多船員後來都不跑船轉做貿易，因爲他們跑遍世界各地，瞭解那些地方的東西符合台灣人口味，於是飛到該國跟他們談代理權。

② 「擦鞋匠」算是智利的街景之一，走在大街小巷都看得到大人小孩扛著箱子跟在外來觀光客後面問：「要不要擦鞋子？」擦一雙鞋子只要價十塊披索，擦鞋子不成，他們也會問：「可不可以跟你一起拍照？」拍完照再跟你要錢。

第三十六章

小東回家了

兩人把酒言歡，氣氛裡有濃濃的友誼也有淡淡的離愁。

凌晨兩點，小東說想見識巴西的夜，

這裡曾被喻爲「船員的天堂」，

小東躍躍欲試，我則奉陪到底。

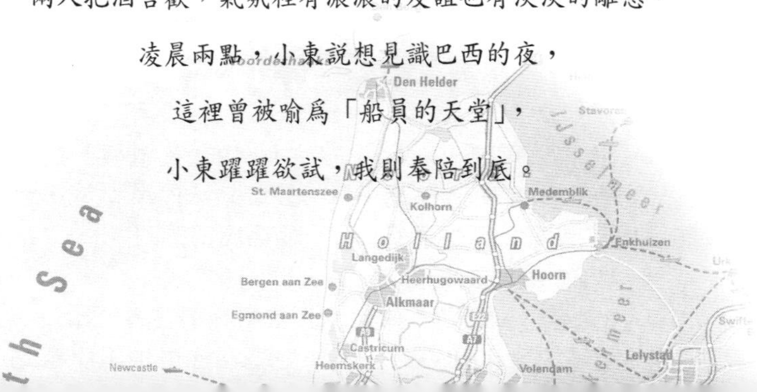

離開智利，再過十二天將抵達南美洲的另一個國家「巴西」，德群輪繼續往南開，一路採沿岸航行，站在甲板上視野相當不錯，心裡卻極端不舒服。

小東說：他的薪水被公司扣留了。

「這怎麼可能？」小東昨天打電話回台灣，他媽媽說已經兩個月沒收到錢，小東留三百美金在台灣，每個月只領船上的三十二美金，就是希望家人過得舒服，現在他自己在船上不快樂，連帶的家人也受累。

我們猜，應該是在美期間，我們四人「吵著」回台灣的緣故。經過查證，果真如此，我們七、八月寄回家裡的薪水全被公司扣下來，簡直豈有此理！

這幾天，腰酸背痛、咽喉痛、內耳痛、脖子痛，浪大，風急，船晃，頭暈……諸多不順加諸於身，眞想自我解脫，船員的日子眞不是人過的。

小東下班後找我，爲了扣薪的事，他似乎有具體的行動。

「我一到巴西就要走，如果走不成，就跳船①，反正跳船之後跟著代理行準沒錯！」導火線表面上看是扣薪，實際上是小東在智利和大副撕破臉，他們長期的不合才是主因。

第三天，我們這幾個被扣薪的倒楣鬼共同擬了一份電文，「請儘速將積欠三個月的

▲背後遠方為南美洲最底端的合恩角。

實習生薪水匯出，如未蒙允許，則實習生欲於巴西返台，請公司安排人員接船。」電文由小顏和「蘆筍」交給大副，由於平常吊兒郎當的「蘆筍」，這次表現出強硬的態度，逼得大副不得不重視這件事。

隔天一早，公司馬上拍一份電文給船長，意思是：「本公司將儘速寄出實習生的家匯，請留住他們繼續爲本船服務。」

有了這份電報，我們似乎打了一場勝仗。

船開出的第五天，德群輪來到南美洲最底端的合恩角（Cape Horn）。原本要經過麥哲倫海峽，但需要約兩萬美金的領港費，爲了節省經費，只好繞過合恩角，多航行三百多海浬。

合恩角劃分大西洋和太平洋的勢力範

圍，說也奇怪，一過合恩角（地形上，底部很尖，像牛角）就風平浪靜，船也不晃了，與之前的大風大浪有天壤之別。德群輪在西經六十七度十七分二十五秒，南緯五十六度零三分三十秒轉航向往上開，如果不轉向，繼續往下開，再過兩三天就可到達南極，不過這裡已經是上船以來所抵達最高緯度的地方了。

此時正值南半球的初春，冰雪初融，雖然採沿岸航行，卻未能一睹冰山和滿海浮冰的景象，但全世界最長的安地列斯山脈②倒一覽無遺。

這幾天船外風景目不暇給，安地列斯山脈還在記憶裡，隔天就經過一九八二年讓英國和阿根廷大打出手的福克蘭群島。

那一陣子電視一直播「福克蘭群島」的新聞，阿根廷與英軍作戰，不幸戰敗，從此阿根廷結束軍人統治時代，重歸民主政府懷抱。懷著「百聞不如一見」的心情，當德群輪經過福克蘭群島時卻看見很多台灣來的漁船，他們是來抓「魷魚」的，尤其晚上，船上的燈光打得亮如白晝，原來福克蘭群島盛產魷魚，台灣漁民認爲阿根廷魷魚是最出名、最好吃的，才不辭千里迢迢來到這裡。

這幾天南大西洋異常寧靜，春陽和煦，晴空萬里，好一個舒服的日子，突然的，興起種綠色植物的雅興。

三四個月前在馬來西亞買的巴西鐵樹現在還種在印尼撿的大貝殼裡，當時我把貝殼洗淨，上面放棉花，旁邊用東西塞住，每天固定澆水，現在居然長得又高又壯。其實幾乎每個人房間都種了綠色植物，一來空氣好，二來爲單調的空間添些色彩，我們還嘗試種過綠豆苗和朝天椒，不曉得天氣的影響還是土壤的關係，全都不幸夭折，不過「蘆筍」一點也不氣餒，一到陸地就挖些土，所以他的土壤也成了小小聯合國，有法國的泥土，有印尼的泥土，還有美國的肥料，應有盡有，不過肥料是從船上「偷來」的，由於取得方便，大量施肥，最後把植物餵得撐死。

蒔花種樹，這種日子快樂似神仙！

對！船員的生活如果用「神仙、老虎、狗」來形容倒也蠻恰當。

神仙——靠港期間快樂似神仙！

老虎——美女左擁右抱，花錢如流水，如大爺一般！

狗——開船後，只有悶著頭做苦工，不是一隻狗，又是什麼呢？

十月十八日，終於來到球王比利的故鄉——巴西，停靠的港口名叫維多利亞（Victoria，距里約熱內盧不遠），從船隻大量進出，周圍高樓大廈林立，不難看出維多利亞港的繁榮。

昨天夜裡，公司來了一封電報，要船長安排小東在維多利亞港返台，原因是媽媽

▲德群輪待命進入維多利亞港。

「生重病」，並註明一切費用要小東自付。小東從沙烏地阿拉伯的吉達途中就一直表明要回家，現在終於「如願以償」了。

原來小東在智利曾打電話給他母親，說待不下去了，要回家，也表示他自己願意負擔費用，所以才出現他媽媽生病的藉口，但算一算所有的經費，大概要一千美金，合台幣四萬塊，實在太划不來，而船公司一看他願意自付，當然也樂得蓋章許可。

這一整天，都在等船席，等待的時間雖長，但錨位還眞不賴，四周都是魚，大家已經很久沒釣魚了，記得印尼那一次釣得很「過癮」，我們邊釣魚邊玩，魚一上鉤就烤來吃，快樂得很！前一次和小東一塊釣魚是在墨西哥灣，等著進密西西比河時，那時小東和大副的問題已經出現，一拿起釣竿，他總

▲黃昏的維多利亞港。

能暫時忘卻憂慮，當時我們釣了不少「老頭魚」，老頭魚的身上有三根刺，煮起來味道不錯，不過小東嫌它泥土味重；現在，同樣坐在船邊釣魚，仍是和小東一塊垂釣，我們把舷燈往下一照，魚兒成群結隊出來搶食，大家也釣得很愉快，這恐怕是最後一次，將來，當兵、出社會，再見面的機會一定很少，更甭談在一塊兒釣魚了。

德群輪在維多利亞港下錨一整天，才沿著水道緩緩前進，繞過港區外的一個小山頭之後，光彩奪目的夜景躍上眼前。維多利亞港區由一條很寬的河道構成，一邊爲碼頭區，另一邊爲市區，只見高樓林立，燈火通明，人家說「巴西人民貧困」，看起來不像。

隨後代理行人員上船辦理shore pass，沒多久，一大票人排隊辦證件，迫不及待想衝下去追求短暫的溫存。我卻沒有興趣。小東明天就要走了，我想留下來陪他小酌一番。

下了班後，和小東一起做宵夜吃，平常就是我們兩個人最愛弄吃的，今晚也不例外。不過，平常只喝汽水不喝酒的他，今晚卻破例喝了幾杯，兩人把酒言歡，氣氛裡有濃濃的友誼也有淡淡的離愁。此時已經凌晨兩點，港區明亮如畫，想必紅燈區也如此。小東說想見識巴西的夜，這裡曾被喻爲「船員的天堂」，小東躍躍欲試，我則奉陪到底。

約了剛下班的小吳，三人一塊前往。巴西的計程車司機以「漫天叫價」聞名，果然不假，一上車，他就開價兩萬巴西幣（合台幣三百塊），小吳和小東一臉不滿，想想算了，這是小東的最後一夜，就不跟他計較了。

司機是瘦瘦高高的棕色混血兒，一見我們，滿臉笑容，立刻比個「手勢」問是不是去那裡，雖然彼此語言隔閡，但「那個動作」大家都懂，他用簡單的英文表明知道通路，一切包在他身上。

這是一部白色金龜車，司機以熟練的駕駛技術馳騁在平坦寬廣的高速公路上。維多利亞的都市計畫比智利的康賽普森進步，建築也比較新潮。涼風習習，遠處船火點點，倒頗爲愜意。

到了市中心，店家關閉，看不到人，他盡責地在大街小巷鑽來鑽去，努力找店，但都打烊了，突然地，他像發現新大陸似的，快速掉轉車頭，切換車道並逆向行駛，好不容易到了一家Boate Lechanoar俱樂部，結果剛打烊，此時正值凌晨三點，我一眼就看見一位漂亮的棕色女郎，她那迷人的酒窩，那雙桃花大眼，讓人怦然心跳，她自動上來搭訕，態度明顯。

她叫伊蓮，一個剛滿二十歲的女子。

對我們來說，這時「無魚蝦也好」，就招呼她上車，小吳也叫了一個，並趁打烊前在酒吧換了一百塊美金，得來二十七萬五千塊的巴西幣，隨即讓司機開車尋找下一個目的地。

很快地，他在一家Tahiti Motel的地方停車，光聽名字Tahiti（大溪地）就很誘人，check in之後，大家都嚇了一跳，哇！小吳張大了嘴巴。

每間套房佔地約二十多坪，一進門有個更衣間，直走就是臥室，臥室左邊是餐廳，右邊是衛浴設備，最裡面還有三溫暖室，經過臥室隔一道落地玻璃，再下兩個階梯就是游泳池，是整個空間最低的地方。游泳池小小的，大概能游七八公尺的距離，爬上階梯則是蒸氣室和吧台。

從外觀看，根本不知道裡面這麼高級豪華，見識到這種汽車旅館，不管花多少錢都值得！

十月二十一日，今天是小東返台的日子，從船抵達巴西到現在，已經足足三十三個小時沒有闔眼，雖然很睏，還是打起精神幫小東整理東西，並將他的行李提到舷梯邊，十點半，代理行的人準時來接他。

我和「蘆筍」像傻子一樣，杵在那兒，心裡很難過，過去和小東在一起的歡樂時光，在腦海快速閃過，一起練劍道、一起下地、一起逛街……現在，小東就要走了，他一離開，我們何年何月再相逢？

「走啦！幫小東提行李，送他到機場去。」我按捺不住愁緒，拉著「蘆筍」一起跳上車，陪小東最後一段。

不過代理行人員先送我們到「聖荷西」飯店，安排住進這三星級的飯店並吃午餐，小東將搭下午四點半的國內班機到里約熱內盧轉到哥本哈根、曼谷、台灣。既然是下午四點多的班機，為什麼不下午兩點到船上接小東，這樣就可以省下飯店休息和用餐的費用③。

三點多，我們抵達維多利亞機場，維多利亞機場不大，都是螺旋槳型的小飛機，登機門也很簡陋，再過一個鐘頭，小東就要離開了，我們都覺得戚戚然。我拿出照相機和小東合影留念，小東很感傷，「蘆筍」也是，不知怎的，大夥悲從中來，忍不住擁抱在一起。

▲心中雖有太多的不捨，但還是要祝小東一路順風。

登機時間快到了，機場透過擴音器傳來一陣廣播，所有旅客議論紛紛，原來「里約附近的能見度不夠，天氣不好，飛機延到五點三十分才能起飛。」

五點三十分還沒到，代理行的人又出現了，卻帶小東領行李回飯店，因爲班機要延到隔天。

領回行李，小東這才發現他行李箱的鑰匙可能留在船上，我和「蘆筍」表示第二天立刻送到飯店給他。

回到船上，小東的鑰匙確實留在房間裡，而且這迷糊蛋把半年多的相片也留下來，有姬路城、泰國、迪士尼樂園……勾起我們好多回憶，想起以前的吵嘴鬥氣、冒險遊歷、尋找慰藉、聯合陣線，到昨天離開飯店前，小東含淚告別的情景，讓人不自覺地掉入時光隧道裡。

隔天，我和「蘆筍」立刻趕到飯店找小東，雖然只有短短的一天沒見面，感覺卻像分開好久的老友一般，但是小東回家的路卻一波三折，原本今天下午的班機卻第三度延到明天下午三點，「你確定明天走得成嗎？」小東篤定地說：「行程都改了，這次是從維多利亞、聖保羅、倫敦、杜拜、台灣。」聽他講得這麼詳細應該錯不了！

那麼，何不抓住在海外的最後一天，狂歡一場？

我們三人找到初識伊蓮的那家俱樂部，一進門，頓時體溫升高三度，因為每個兔女郎（穿著網狀絲襪，緊身內衣，半個胸部袒露在外，頭上帶著兔耳朵）身材姣好，動作火辣。俱樂部的中央是舞池，兩側是座位，兔女郎則賣力演出。

到這裡看表演的大部分是上了年紀有車階級的高收入份子，只有我們三人是東方年輕小伙子，於是每個兔女郎都特地走到我們面前跳呀跳的，每隔三十分鐘舞池燈光就暗了下來，接著兩名兔女郎高歌一曲，第一首是「對嘴」唱歌，她們模仿原主唱者唱歌的表情，神色維妙維肖，令人拍案叫絕；第二首歌開始慢慢脫衣服，脫到只剩胸罩和內褲；第三首則全部脫光，在場者都目不轉睛地盯著看，眼睛一刻也不肯離開。

脫衣舞秀結束，小東也要回飯店了，大家互道珍重。

▲維多利亞港内的接駁小船。

在維多利亞的最後一天，船上有錢有閒的人全部出籠，我則趁機逛維多利亞市。維多利亞的風景不錯，沿著蜿蜒的舊時街道，不難找到殖民地時期的古堡、總督府、葡萄牙式的天主教堂和一個叫Cambury的海灘，那海灘眞漂亮，人氣也很旺，萬頭鑽洞，男的踢足球、打排球，女的穿著超迷你的比基尼，他們開放的民風吸引了我們駐足欣賞。

回到船上，代理行送來一些信件，我的兩封信裡其中一封是媽媽寫的，這是她第一次寫信給我，她要我多忍耐，在船上別意氣用事之類的安慰話，看得我眼淚差點流下來。

備註：

①跳船意指未經合法簽證自行停留於當地，若被抓到會被遣送回國，而小東就是打這如意算盤。

②安地列斯山脈縱貫南美洲大陸西部，長約七千兩百公里，最高峰僅次於亞洲喜馬拉雅山的聖母峰，爲世界第二高峰，同時也是亞馬遜河的發源地。

③學生如果不是從遠東地區返國，而是在其他國家自願返國者（像小東），那麼下船後所花的每一筆費用都得自行負責，包括代理行的接送費、加班費、住宿、餐費、機票等等。

第三十七章

白色房屋——卡薩布蘭加

穿著入時的歐裔移民和套著斗蓬的阿拉伯人，

高級精品店和阿拉伯式的市集，

嶄新昂貴的轎車和傳統古樸的手推車。

卡薩布蘭加就是這樣的城市，

兩種風貌，兩種步調，一個新舊雜陳的都會！

十月二十五日，德群輪慢慢離開維多利亞港，一切都由絢爛歸於平靜，船上卻隱藏著暗流和火藥味。

聽說，小東臨走前寫的一封「進諫書」讓大副抓狂，以至於在維多利亞那幾天，他總是算錯壓艙水，導致船慢慢傾斜，還好及時被機艙值班人員發現，不然就慘了。他老是這樣，像今天，頂部艙的水還沒排出去，就要求機艙控制室先排底部壓艙水，使得船頭重腳輕，差點翻船，他自己有問題卻跑下來怪我們機艙人員：「船都快沈了你們還不曉得，當班時一個個都在睡覺。」大家聽了怒火中燒，不過還是忍了下來。

他大概亂了陣腳，把水手調成AB(舵手)，把職業AB調成水手（好比將設計師調成搬運工，將搬運工調成繪圖設計師一樣不合理），而他所負責的甲板部也因此眾叛親離。

據說讓大副心神不寧的眞正原因是沒當上船長。原來大副有船長執照，他在泰國上船就是準備要接船長的，不知道是表現不好還是其他原因，後來就沒下文了，船公司在巴拿馬另派新的船長上任，他受到刺激，從此歇斯底里。

開船之後，因爲天氣不錯，所以保養了二號發電機，而且吊了一、二、四、五缸，獎金賺了不少，不過都無法馬上拿到現金，因爲錢匯不進來。

在巴西、智利這種外匯管制國家，把錢匯來很不保險，例如說：如果一美金可以換一千當地幣，那麼他們要你用一千五百元當地幣才換得一美金，非常不划算！接下來的北非、摩洛哥、土耳其也都是外匯管制國家，更不可能領到錢，這時，輪機長變成大債主，因爲他老人家留在船上的錢最多，花的錢最少，連甲板部的人都跟他借錢，還好輪機長人很阿沙力，只要寫借條即可。

而水手長每到一個港口也會清出船上一些不需要用的舊纜繩、鋼纜、帆布賣給當地人，賺點外快再平分給甲板部每一個人，聽說這些東西價錢很好。

船長得知大家的窘境，要每個人寫下需要的錢，拍電報要公司將錢給代理行，請代理行送上船來，以應需要。

自從小東的事發生後，大管對我們就比較關心了，我才和他比較有交集。星期天，到他房間請教一些課業問題時，大管正彈著吉他，他眞厲害！古典的、鄉村的、爵士的樣樣精通，書桌上也擺著一堆專業書，最上面攤開的是一本「控制工程學」，他還在書上做了不少筆記，看來挺用功的。

船往北行駛，在南半球待了一個半月，今天總算越過赤道回到咱們所熟悉的北半球，雖然是一樣的月光，一樣的海水，感覺就是不一樣，可能是離台灣比較近的關係。

這一陣子，麻將桌上坐無虛席，因爲船長不管事，所以連一向不打牌的水手長也下海了，打麻將成了半公開的活動。這一段時間大家口袋空空的，因此本票、信用條滿天飛，例如「我『蘆筍』欠你阿彬十美金，十月二十九日」。

這天，小顏、小胤、「蘆筍」和我四人一起切磋牌技，打完八圈之後，小胤要當班，所以老洪加入戰局，「東風二」，我聽八萬和九條「對倒」，眼見就要自摸了，沒想到大副衝進來，像抓到賊似的，「好哇！你們在別的地方打，我管不著！在我們水手的房間打，我不管就不行啦！來吧！我幫你們保管。」刷刷刷，很快的，桌上所有的麻將全都落到他準備好的麻布袋裡，看得出他是有備而來。

「大副，那是輪機部的麻將。」

「我知道，我知道，我會跟大管商量，對不起囉！我沒收麻將是針對我們甲板部不是針對你。」

這下好了，什麼消遣也沒了。

隔天，我單槍匹馬找大副要回麻將，好話說盡，狠話說絕，他還是打哈哈地說：「我們部門因爲打麻將耽誤公事，我必須嚴辦。」

原來前天小李子當班時無精打采，水手長便問他：「怎麼看起來這麼疲倦呀？」小李子心想水手長也打麻將應該不會出賣他，於是就照實說因爲「加班」之故，沒想到水手長居然把這番話copy給大副聽，水手長應該不是故意的，他一向直來直往，只是沒料到大副因此記了小李子一筆。

不過最倒楣的還是小戴，他之前手氣太背，輸了很多錢，於是就理了個大光頭去霉氣，頂個大光頭打麻將之後，他的手氣果然轉好，連贏了幾天，沒想到因爲水手長一句話，牌被沒收，小戴幹得牙都歪了，也只有認了。

德群輪接近北非，就要到卡薩布蘭加（Casablanca），這是一個新的國家，應該高興才對！

我對卡薩布蘭加的印象，來自剛上船的前幾個月在香港出版的明報週刊，介紹中說：Casa是屋子，Blanca是白色的，意指卡薩布蘭加是白色的小屋。好一個詩情畫意的地方。

卡薩布蘭加是摩洛哥第一大港，而

▲卡薩布蘭加極不協調的碼頭一景，照片右方中間是身穿斗篷，在碼頭邊上踽踽獨行的阿拉伯工人，港中停泊的卻是媲美五星級飯店的豪華大郵輪。

▲港區附近購物區一角。

且是北非首屈一指的觀光勝地，許多歐洲人經常就近前來度假。但就在德群輪接近「白色的小屋」時，疾風勁雨同時籠罩四周，這次從巴西到摩洛哥的水路，是上船以來最平穩的一次，但卻在抵港前一天大煞風景的起了大風大浪，眞是美中不足！

隔天早上起來，二樓擠滿了形形色色的當地人，這邊賣的是皮件、皮衣，那邊賣的是地毯、羊毛皮，他們還自備衣架和鉤子，直接掛在二樓牆壁上。除此之外，還有人賣珠寶、賣吃的、太陽眼鏡、電器用品等，五花八門，不一而足，頓時，二樓成了百貨公司，他們不但具生意頭腦，也懂得人際關係，一上船就迅速的與港務局、代理行和船上長官打成一片，差點讓我以爲走錯地方。

其中一個人走過來說了一拖拉庫的話，

▲現代的卡薩布蘭加。

▲傳統的卡薩布蘭加。

原來他拿了一張面值一千元的紙幣（合美金一百元左右）向我買球鞋、T恤、西裝褲，我想，那有這麼乾脆的人，仔細一看，鈔票上並沒有摩洛哥銀行字樣，倒是印了一個酋長的頭，我心想：摩洛哥那來的酋長，這八成有問題。還好我沒貪小便宜，不過卻被他A走一罐啤酒，眞是好氣又好笑！

踏在冬雨乍歇的路上，我和「蘆筍」、小顏沿著港區四處溜達，只見摩洛哥碼頭工人奇多無比，沒有制服，還穿著電影中常見的牧羊人服飾，一件長袍拖地，外加一頂斗蓬式的連袍帽子，工作時還得將手抖一抖，露出手掌後才能搬東西，在這講究迅速確實的時代穿這種衣服工作，眞是好笑！

初冬的摩洛哥，空氣是沁涼的，飄一些雨就顯得寒意十足，摩洛哥工人索性在碼頭邊升起火堆，每工作五分鐘就到火堆休息十分鐘，這種「景色」也難得一見。

Casablanca眞是名符其實的「白色的小屋」，整座城市約有百分之八十以上的建築物呈白色，無論是小巷內的老舊平房或是嶄新的高樓大廈，清一色都是白色的，映入眼簾時，眞有一種整體美，稱得上賞心悅目！

一大清早，頂著昏沈沈的天空，踏著濕漉漉的道路，這裡完全沒有工業社會的忙碌氣氛，在寬廣筆直的大馬路上，還不時看見馬車與豪華賓士房車並駕齊驅的景象。

走在路上，到處可以看到穿著入時的歐裔移民，和套著斗蓬的阿拉伯人，悠閒地一起走在街上到處閒逛；市中心有不少高級服飾店，巷子裡卻依舊有古阿拉伯式的市集，公路上奔馳的是嶄新昂貴的轎車，而手推車也在巷道內橫行無阻。

卡薩布蘭加就是這樣的城市，完全兩種風貌，兩種步調，一個新舊雜陳的都會！

摩洛哥以皮製品、毛製品、銀製品爲特產，或許這裡是一個觀光勝地，所以當地人都以販賣特產維生。摩洛哥人做生意很有一套，他們既會吹又會哄，而且服務態度又好，常讓觀光客忍不住要光顧一下。値得一提的是，摩洛哥人精通好幾種語言，阿拉伯語、法語、德語、英語、西班牙語，有些人還能說幾句國語。

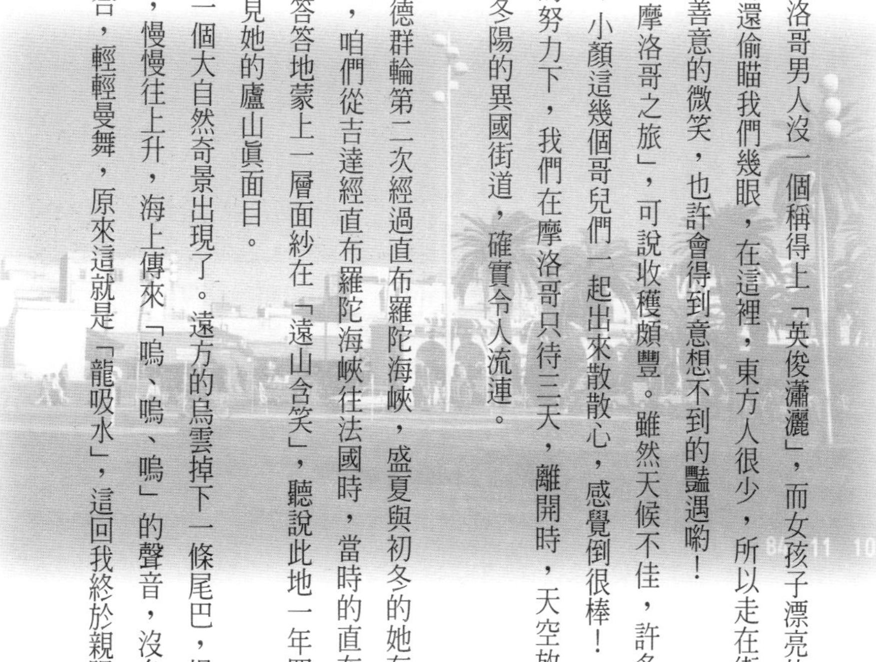

走在街上的摩洛哥男人沒一個稱得上「英俊瀟灑」，而女孩子漂亮的卻不少，她們不但活潑大方，不時還偷瞄我們幾眼，在這裡，東方人很少，所以走在街上很容易成爲焦點，如果回她一個善意的微笑，也許會得到意想不到的豔遇喲！

結束一天的「摩洛哥之旅」，可說收穫頗豐。雖然天候不佳，許多景色無法盡入眼簾，但和「蘆筍」、小顏這幾個哥兒們一起出來散散心，感覺倒很棒！

在工人勤奮的努力下，我們在摩洛哥只待三天，離開時，天空放晴，大地灑下金黃，在這充滿和煦冬陽的異國街道，確實令人流連。

離開摩洛哥，德群輪第二次經過直布羅陀海峽，盛夏與初冬的她有著截然不同的面貌！記得四個月前，咱們從吉達經直布羅陀海峽往法國時，當時的直布羅陀像一個懷春的阿拉伯少女，羞答答地蒙上一層面紗在「遠山含笑」，聽說此地一年四季都有霧，今天則非常幸運的能一見她的廬山眞面目。

就在這時，另一個大自然奇景出現了。遠方的烏雲掉下一條尾巴，慢慢往下鑽，海面上也湧起一陀海水，慢慢往上升，海上傳來「嗚、嗚、嗚」的聲音，沒多久，烏雲下的尾巴和海面上的水結合，輕輕曼舞，原來這就是「龍吸水」，這回我終於親眼見到了。

▲照片正中央的一條烏雲即是所謂的「龍吸水」。

隔天凌晨當班時，突然發現電機的頻率（HZ）過高，當下報告大管、二管，馬上啓動第一號發動機，以防萬一，然而由於油溫過高，以致管路內都充滿油氣，發電機無法供油而停機了，最後德群輪失去動力，船上有史以來第一次發出「噹、噹、噹」的警鐘聲，全船的燈突然間全熄，機艙整個暗下來，只剩下緊急工作燈，輪機長和三管也衝下來，在機艙人員的努力之下，不到兩分鐘，船又恢復動力，幸好是虛驚一場，不過要是發生在中午時分過直布羅陀海峽的話，那可就慘了①。

備註：

① 因爲直布羅陀海峽很窄，若停電造成舵機失靈，可能會撞上岸邊，那就是海難一樁。幾年前在密西西比河，有一艘五萬八千噸級的散裝雜貨船，就是因爲發電機停擺，造成船舵失靈，結果船沿著碼頭撞了好幾百公尺才停下來，船公司不但要花鉅資修船，還得賠上碼頭的修繕費，如果不幸出了人命，輪機長、大管和船長都要判刑，嚴重性不容忽視。

第三十八章

打架事件

他立刻將門反鎖同時按下警鈴，船上所有的長官全都衝到大副房門外，

他則拉大嗓門說：「我的生命受到威脅，他們三個人帶刀進來殺我。」

十一月十二日，星期一，晴天，德群輪位於前往土耳其的地中海上。

值完凌晨四點的班，我回房睡回籠覺，沒多久，「蘆筍」和小顏用急促的敲門聲把我吵醒，並用憤怒和高亢的音調述說幾分鐘前發生的事。

話說，今晨，大副巡視貨艙，意外發現第一艙的木材被人倒上紅丹漆，他氣得報告老K（船長），老K聞訊便召集甲板部人員到駕駛台問話。

「這一定是你們實習生幹的！」船長劈頭就肯定地說。

大副見船長一開始就訓實習生，心裡竊喜，便火上加油：「對！就是實習生搞的鬼！」當場並向老K抱怨船上有人（暗指「蘆筍」）跟他過不去，故意要陷害他

▲天氣晴朗的地中海。

（因爲貨損大副要負責）。

貨損的結果大家很清楚，嚴重的話可能面臨賠償問題，不過沒憑沒據就誣賴實習生，這點讓「蘆筍」十分不爽。

「蘆筍」見沒人吭聲，便激動地說：「發生這種事情不能一味把責任推給我們，應該想辦法調查。」

沒想到大副卻對著「蘆筍」和小顏說：「你們還不承認，一定就是你們搞的鬼。」

「蘆筍」沒幹當然不會承認，同時很生氣自己被誣陷，便質問大副：「你說這話是在威脅我們嗎？」現場你來我往，場面非常火爆。

後來船長表示會調查此事，然後宣佈散會。

離開駕駛台，「蘆筍」邊走邊問木匠（木匠當時走在他前面）：「怎麼會發生這種事？」木匠什麼也沒看見，卻篤定地說：「就是你們幹的！」被他這麼一說，「蘆筍」心灰意冷極了，原來這就是船上的文化，一出事，大家一定把責任往最下面推，只要有人扛責任就不關自己的事。

奇怪的是，當天是國父誕辰紀念日，船上亦循例放假一天，誰會無聊到一大早不睡覺而起來倒油漆呢？更何況貨艙的鑰匙只有大副、船長、水手長和木匠四個人有，水手長是個粗人，木匠平常不管事，他們都不是擅用心機的人，除非大副「自導自演」，不然也想不出其他可能。我們談了一會兒，想一想，船上的事無奇不有，算了！應該很快就會查出來。

說完，他們回房休息。

沒多久，小顏打電話進來：「出事了，『蘆筍』被大副打了！」

原來他們一回房，大副就衝到「蘆筍」房間問他：「你剛剛說那句話是什麼意思？」「蘆筍」還沒回話，大副馬上出拳，結結實實地打在他左胸膛上，這動作突如其來，「蘆筍」根本來不及事先防範，左胸膛一片紅，一陣刺痛，「蘆筍」氣極了，想反擊，但房間噼哩啪啦的聲音早引來水手長和木匠，「蘆筍」的拳頭馬上被支開，大副也被擋住。

「蘆筍」被冤枉已經很委屈，現在被揍還不能還手，他怒火中燒，趁大副不設防之際踹他一腳，大副當場跌在門檻上，他也火大，揚言要「蘆筍」到船艉單挑，並放狠話：「誰輸誰就跳海。」

當我到達現場時，大副已經溜回辦公室，「蘆筍」摸著胸膛，氣急敗壞地去找船長評理，誰知道船長居然叫他找水手長處理（水手長是大副的部屬），「蘆筍」簡直快氣炸了。

眼見同學被欺負，我的正義感油然而生，一氣之下，便拉著「蘆筍」和小顏直闖大副房間，這傢伙注定該死，門不但沒鎖，還坐在床上慢條斯理地縫被「蘆筍」扯裂的衣服，我帶頭進去，二話不說，一拳就幹上，「你居然敢欺負我同學，你看他瘦巴巴的好欺負是不是？」

「蘆筍」帶著在印尼練劍道的木劍，我們輪番上陣將大副痛打一頓，大副被我們打得抱頭鼠竄：「好！你們三個打我一個，這算什麼呢？」這時始終沒動手的小顏生氣了，他說：「我可沒打你喲！不過你既然把我算一份，我就補上去了！」於是小顏亮出藏在背後，打算助聲勢的「彈簧刀」，大副見狀，畏首畏尾的幾乎跪地求饒，爲了以防萬一，我們當下要求他寫悔過書，內容是：「我大副某某確實先動手打實習生，實習生雖然也出手，都是爲了自衛，現在大家已相安無事並已和解，茲此證明。」

「好了，這是一場誤會，就這樣私下解決。」大副說。

我心想，大副先毆打「蘆筍」還誣陷他們，現在我們討回來了，大家扯平！收下大副的悔過書，轉頭偕「蘆筍」、小顏離開他的房間。

沒想到我的想法太天真，我們一離開，大副立刻將房門反鎖，馬上按警鈴，船上所有的長官全都衝到大副房門外，他則拉大嗓門說：「我的生命受到威脅，他們三個人帶刀進來殺我①。」

這下完了，輪到大副反擊，他要求船長發出S.O.S求救訊號。

若此一訊號發出，非同小可，離當地海域最近國家的軍艦或警艇將立刻靠上來，並將肇事者押到最近港口移送法辦，嚴重者，難逃牢獄之災。

船上所有的長官立刻召開緊急會議。

船長得知是因大副先動手而起，先把他訓了一頓，再討論我們的問題。

「奇怪！這是甲板部的事，怎麼跑出一個輪機部的人（指我）？」船長提出質疑。於是開完會後，輪機長和大管找我了解實情，我據實以報，輪機長平常就照顧我，當然站在我這一邊，沒想到大管這時也伸出援手，他說：「你放心！大副錯在先，我們會幫你想辦法。」

輪機長和大管一直希望此事不要擴大，於私，害了我們的前途；於公，延後船期將對公司造成損失，他們認爲解決此事還有其他方法，並不是非得將我們移送法辦或遣送回國不可。

於是，輪機長爲了保護我，拍胸脯地向船長保證，只要今後大副不再找我的麻煩，他保證我也絕對不會再去找大副，而甲板部的實習生跟我很好，應該不會再出事。

船長沒做出回應，卻在當晚用衛星傳眞回台灣報告總船長（德群輪在台負責人）事發經過。總公司指示：因爲簽證問題，不希望實習生在土耳其返國，並要船長愼重處理此事。

大副自知理虧，叫我們上駕駛台，「你們要繼續幹還是要在土耳其返台？如果你們願意繼續幹就讓你們繼續幹，如果你們『自己要求』在土耳其返台，那麼船上會幫你們安排返台相關事宜。」我沒意見，回他一句：「一切讓公司決定。」

這是船上另一種文化，當主管的可以不明就理的打你、找你出氣，你卻不能討回公道，一旦你試著討回公道，他可以公報私仇，而你也奈何不了他。

其實上船前，我們就曾聽過船員被長官欺負的事，聽多了，當然不足以大驚小怪，只不過，這一次，我們不願意忍氣吞聲，而要以實際行動告訴大家，不想再受窩囊氣罷了。

然而，這換來的卻是我們三人的前途堪慮，因爲船長決定站在大副這一邊。

這時，在分派工作上最讓我氣不過的大管卻親自擬了份「調查報告書」，爲這次打架事件的始末做一澄清與辯白，要我們回公司如遭受冤屈或蒙受莫須有的罪名時，可將它呈報給台灣的總船長。

我非常感動大管的拔刀相助，卻很清楚自己將來的命運。謝過他，我回房開始整理行李。

「蘆筍」一夜難眠，他的行李也整理好了，只是很不甘心，同時也憂慮將來何去何從。

原本「蘆筍」是因爲喜歡海上生活才進海專就讀，他還計畫過：將來跑船時，五分之一的薪水存起來，剩下的錢到世界各國花個夠，靠岸時吃最好的、用最好的、住最好的、找最漂亮的妞、過最刺激浪漫的夜；退休後再靠那五分之一的積蓄做點小生意，這一生就這麼打算，既豐富又多彩，而且年老也不愁吃穿。

現在有了「紀錄」，計畫成泡影，前途也毀了，他變得異常沈默，平常的吊兒郎當勁，消失殆盡。

隔了兩天，有值班的水手透露，事發

當天，大副曾趁沒人注意時偷偷摸摸地跑到第一艙去，言下之意，那檔事就是大副幹的。

其實，這在我們的預料中，用意是栽贓給「蘆筍」他們，好去掉平常不太理他的「蘆筍」和小顏兩個眼中釘、肉中刺。

然而，證明大副幹的又怎樣？事情已經發生了。

這件事之後，船上人馬立刻分爲兩派，站在大副那邊的人對我們敬而遠之，站在我們這邊的人，三不五時前來安慰，尤其是大廚，總當我們是小孩般的好言相勸：「回去以後要跟公司說清楚事情的來龍去脈，態度要好呀！要好好替自己和家人想，不要自毀前程呀！」我們聽了，眼眶都紅了。

▲希臘海岸美麗的風光。

我從沒想過自己會因這種事件而回國，但「蘆筍」的事就是我的事，沒什麼好後悔的，這就是海專人的傻勁，也是一貫傳統，更何況，我們搭上同一艘船，如果不能同心協力，還算什麼呢？

備註：

①在船上聽說船長有槍，不知道大副有沒有其他武器，所以「蘆筍」帶木棍和小顏帶彈簧刀是爲了自衛。

歸　　航

73.11.21—73.11.22

土耳其Gemlik港（下船搭車）

→（自亞洲側跨博斯普魯斯海峽大橋到歐洲側）

→伊斯坦堡（搭飛機）→貝魯特（轉機）

→杜拜（轉機）→曼谷（過境）→台灣

第三十九章

告別德群輪

我將行李一一交給家人，只保留一份在身上，

那是我這十一個多月來寫的三本日記。

「這趟行程雖不圓滿，卻很踏實。」

我在飛回台北的飛機上寫下「船上生活日記」的最後一段，

這一段文字也爲我們這艄行程寫下最好的註解。

▲放學途中的土耳其小學生。

▲和善的突厥老人。

十一月十七日晚上，德群輪通過達達尼爾海峽，放眼望去，兩岸古堡、廟宇無數，在暈黃的燈火中，顯得神秘與夢幻。

隔天早上十一點，我們來到土耳其，德群輪下錨於Gemlik灣，Gemlik雖有市鎮的雛形，但所有裝卸貨都在錨泊中進行。

在這中亞附近的山脈倒是有點像天山山脈，像兩天前希臘沿岸的山脈與現在環繞在港灣的山脈，都呈現褐黃色系列，峻峭挺拔的山壁上一片光溜溜的，只有小草兩三株，白天看不怎麼樣，一到黃昏，便呈現迷人的色彩。好美！

我告訴自己：土耳其應該是這趟行程的終點站，何不忘記煩惱，好好感受她的異國情調！

「蘆筍」前幾天雖然比較沈默，不過，他也看開了，趁著風和日麗的好天氣，約了小顏等一群人，結伴到地中海的小鎮逛逛。

這趟出遊，他們恰巧碰到當地舉行的婚禮，大概這鎮上少有外地人，「蘆筍」一行人便被邀請進去觀禮，一進會場，婚禮剛結束，用餐時間正要開始。

土耳其的婚宴像極台灣的「辦桌」，該場婚禮在一個鐵皮屋裡進行，他們被安排坐在最靠屋外的一桌，現場氣氛相當熱鬧，大家手舞足蹈，「蘆筍」也跟著起鬨，當新郎、新娘敬酒時，招待人員立刻發給每位客人一根別針，原來參加婚禮者要將禮金別在新郎和新娘的禮服上，以示祝福，「蘆筍」他們對於這新鮮有趣的習俗也只好入境隨俗。

宴會即將結束，告別前，在場的每個人包括新郎、新娘都過來和「蘆筍」他們敬酒，並豎起大拇指誇讚他們，還彎腰感謝他們，後來才知道，他們這些外來客包的禮金是全場最多的。

當下，「蘆筍」一群人成了當地的紅人，走到那兒都有人跟前跟後，就連逛街、喝茶都有人過來打招呼哩！

傍晚，「蘆筍」回船，愉快地告訴我今天的所見所聞時，我卻回報他一個壞消息，聽說船長已經決定隔天一早就要把我們遣送回國，「蘆筍」聽了淡淡地說：「不意外！」卻不發一語地默默離開，其實這件事的發展在我們意料之中，只是當它眞的來臨時還是難以接受。

由於時間緊湊，輪機部的夥伴隨後忙著幫我餞行，大廚親自下廚，大管、二管、三管張羅菸酒，輪機長、二副、報務主任、電機師、阿清、老王，及輪機實習生小吳、小胤、小戴等全都到齊，場面溫馨感人，現場離情依依，他們是那麼的夠意思，我只好以「乾杯」表達心意。

「蘆筍」和小顏就沒這麼幸運，他們得罪的是頂頭上司，不但沒人敢辦餞行餐，更沒人敢找他們，感覺很淒涼。

「蘆筍」一直待在房間裡，遣送回國一事對他打擊仍然很大，他一直想著回家後要怎麼跟家人交代，將來能不能畢業等問題，在船上的最後一夜，他居然失眠了。

隔天一早，代理行陪同海關人員上船封關，我們三人心情極爲沈重，德群輪放下舷梯，我們拎著行李一步一步走下去，搭上交通船到達碼頭，踏到陸地上時，「蘆筍」感慨地說：「我們當船員的路大概就走到這裡爲止。」我們心裡有數，都沒出聲，默默地環視土耳其Gemlik港陌生而寒冷的清晨。

之前，我們確實想提早離開，卻沒想到是這種方式，而且是我們最不願意的一種方式，但卻碰上了。

「蘆筍」的難過不在話下，他一生以航海爲職志，現在恐怕再也難以實現理想。在甲板部，他和小東工作最賣力，沒事還會找事做，但沒人記得這些，他們工作上的優點都因跟長官不合成了缺點，長官一向喜愛聽話的乖乖牌，偏偏他們很有主見，就官場文化

▲再會了！曾帶我環遊世界的德群輪。

而言，這種結局早在意料之中，多麼令人不甘心。

大廚和老王跟著出來，大廚一把鼻涕一把眼淚地跟我們一一道別：「以後要自己照顧自己、要聽話……」話還沒說完，自己就哭出聲音來；以前跟我幹過架的老王也不計前嫌，拍拍我的肩膀，有難過也有不捨，他拿出五塊錢硬幣和一封信，要我回台灣幫他買郵票寄回家，兩人面對面，一切盡在不言中。

回頭再瞥「德群輪」最後一眼，阿清正站在船艄和我們揮手，我們三人也向他揮手，連「再見」都說不出口，每個人都哽咽了。

轉過身，迎接我們的是移民局官員、海關人員和一部計程車，三人行李共十一箱，費了一些心思才塞上去，司機關上門，直奔一百九十五公里外的伊斯坦堡國際機場。

車子漸漸駛離碼頭，德群輪越來越小。過一會

▲輪到小顏（背對者）與海關人員在清點行李。

兒，土耳其的鄉野風光映入眼簾，滿山遍野的楓紅、白樺，一列列的向後奔馳，一片片消失，另一邊則是一大片的小山坡，綿延幾百里，像是柔軟的棉被；山坡的盡頭則鋪上一層白雪，形成一幅美麗畫面，車子繞過港灣，蜿蜒的海岸風光一幕幕從眼前躍過……「蘆筍」忍不住說：「原來土耳其的風景這麼美！」

我猜，老天爺大概也同情我們，趁返台前搬出最棒的風景供我們欣賞，好讓我們留下深刻的回憶。

最後一趟行程總計四個小時，抵達伊斯坦堡國際機場後，所有的人都走了，連代理行也不管我們。

下午兩點二十分，我們邊問邊摸

▲下午茶時間（左為土耳其移民局官員，右為載我們到機場的司機）。

索，終於走到一零四號登機門，搭上黎巴嫩MEA航空公司波音七O七客機飛往戰火中的貝魯特。

貝魯特國際機場到處佈滿了飽受戰火蹂躪的痕跡，機場內倒塌的機棚，滿是彈孔的牆壁，破裂不完整的玻璃和持衝鋒槍到處走動的士兵……令人不寒而慄。

離開恐怖的戰區，飛行三個小時，於晚上十一點抵達另一個沙漠之星——杜拜，而開往台北的KLM荷航七四七就在隔天凌晨零點五十分起飛，接著將在曼谷做短暫停留再飛回台北。

就在曼谷機場停留時，我們三人趁機逛免稅商店，不久，一位工作人員過來問我懂不懂中文，我說懂，他問可否到播音室廣播一項消息——「搭乘荷航KLM八八九次班機前往台北的旅客請立刻到二號登機門登機，飛機即將起飛了。」天呀！指的正是我們，我拉著「蘆筍」、小顏，飛也似地跑去搭機，所幸飛機的機門還未完全關上。

二十二日下午兩點多，我們一路從伊斯坦堡、貝魯特、杜拜、曼谷一關關的闖回台灣，回到十一個月前我們展開世界之旅起點的中正機場。

一下飛機，七十多歲的奶奶一見到我出關，便用小跑步跑過來抱我，看她福泰的身軀搖搖晃晃，無視於自己身體的虛弱，還和爸媽一起來接我，我紅了眼，鼻也酸了；接著盧媽媽也拉著我的手頻頻道謝：「謝謝你照顧我們家『蘆筍』，你一定要到基隆來給我請，一定要來！」隨後她又跟我父母道謝，我猜「蘆筍」大概在國外打電話回台灣時跟她說了些什麼吧！

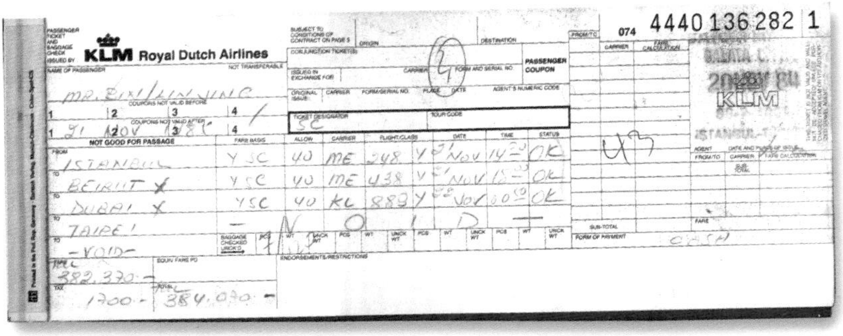

▲回家的路是這麼的遙遠──當時的機票存根聯。

家人搶著幫我提行李，這趟出去行李多了很多件，我將行李一一交給家人，只保留一份在身上，那是我這十一個多月來寫的三本日記。

「這趟行程雖不圓滿，卻很踏實。」我在飛回台北的飛機上寫下「船上生活日記」的最後一段，這一段文字也爲我們這趟行程寫下最好的註解。

我相信「蘆筍」、小顏、小東也都能從這殘缺而眞實的經歷中更珍惜彼此的情誼，而我日日夜夜所記錄的三大本日記，將成爲我們之間最珍貴的記憶。

▲揆別一年的家人在我的建議下，全換上我所帶回來的長袍、沙龍和帽子一起合照(左起父親、母親及妹妹)。

第四十章

十六年後

「這一生，你喜歡海上生活還是陸地生活？」十六年後我問輪機長

「海上的生活像個有曲線的波浪圖，陸地生活是直線。」他說

當同齡的友人聊到他們年過半百回顧一生時，發現竟是平平淡淡！

他很慶幸自己有機會走過世界各地，他知道他的人生是多彩和豐富的。

「我還蠻喜歡海上生活的。」他說

▲自認是「烈士」的我們，於服役前同遊霧社並南下與小顏碰面 (小東已提前入伍)。

回到台灣之後，我最常聯絡的是「蘆筍」，當兵那天，兩人不約而同地搭了同一班火車，穿了同一件棒球外套，似乎在近一年的船上生活中，已經培養了足夠的默契。

退伍後，我們仍保持聯絡，但是談到小東和小顏的近況，我們竟完全不知道。記得在巴西和小東分手時，我曾感傷地說：「下一次再碰面，不知要等到何年何月？」

「那麼，何不打電話找他們？」我心裡這麼想。

找出海專畢業紀念冊，撥了小東位於新竹老家的電話，「誰？喔！什麼？你說你是誰？」接電話的他剛開始沒有心理準備，以爲我是他的一位客戶，再次確定是我之後，他的驚訝可想而知。二話不說，我和「蘆筍」、小東立刻相約見面，重溫「船」夢。這一次和小東碰面，是八十九年八月一日，時間隔了將近十六年。

十六年前，小東回到台灣沒多久就收到大副寄來的實習成績單，六十七分，使得他全年成績平均爲七十四點九分（七十五分以上者可保送海洋學院，現爲海洋大學），這對一心想繼續深造的小東而言無疑是一大打擊。

無法保送大學，小東在當兵期間曾報考三副，但兩度差「四」分而名落孫山，他說：「算了！兩次都跟「四」有關，考上一定穩『死』。」

決心放棄航海後，小東當過業務員，做過機械組裝員，雖然這些都不是喜歡的工作，有家累的他卻不得不賣力，但都不持久。幸運的是，他在海專美術社的背景和幾度畫畫比賽得獎的成績，讓一位朋友對他極感興趣，並邀他從事室內設計，小東欣喜若狂，進入室內設計領域後，沒多久他就考上台北工專進修專科班建築系，從此跨進「室內設計」一行，民國八十三年他自己成立公司，目前的業務擴及大陸，生意不錯。

小東育有一女一男，還沒畢業前就結婚的他，如今大女兒已經亭亭玉立，是個高二的學生，小兒子念國二，而他的太太仍是十六年前母親幫他精挑細選的「元配」，兩人恩愛如昔，兒女和他們的關係像兄弟，家庭和樂。

値得一提的是，小東當年提前回國所花的費用合計台幣四萬多元，當我和「蘆筍」

千方百計籌錢還公司時，小東卻用寫「借條」的方式向船公司借貸三萬五千元，期間，小東忘了還，船公司也忘了討，如今過了十五年的法律期限，這筆錢居然也省下來了，我們得承認，小東的確很聰明。

我退伍後一心一意想到外頭闖，卻不曉得該在那個領域闖蕩。有一天，同學王相福打電話告訴我：「鹿橋文化」正應徵業務專員，「要不要一起去看看？」這一去就被錄取了。

報到第一天，主管帶領我們到永康街擺攤位賣「兒童美語教材」，只要看到家長帶著小朋友就拿著DM衝過去問：「你看過這個廣告嗎？」「沒有？那麼可不可以耽誤你一分鐘的時間讓我爲您解釋一下呢？」這種情況十之八九都被拒絕。

我漫無目的上班。這一天，我們照例擺攤位，並到處尋找「客源」。這時我的主管看到一對母女，硬把我推出去，「拉她們過來！」沒想到她們居然願意買教材，我開始有了業績。

推銷員原本就靠業績生存，而且業績越好待遇越高，有了業績，相對地有了信心。慢慢地，我學會了推銷的一些要領。

那年冬至，下雨天，下班後，剛好經過汀州路和和平西路，而這一帶有兩個潛在客戶，於是我先到和平西路這一家拜訪，她們感動之餘，當場訂購，一次付清全額，還語帶感激地說：「沒想到你這麼有誠意。」

隨後我到汀州路這一家，開門的是先生，我一邊解釋一邊淋雨，最後他不好意思，不但請我吃晚飯，還當場買下教材。

隔天早會，總經理在將近一百多個業務員中公開表揚我，原來我創下新人在一個月內獨立作業，一天簽下兩份訂單的記錄。

公司業務部升等分爲五個階級：二級業務、一級業務、二級專員、一級專員、高級專員；職位晉升一樣分爲五級：副課長、課長、主任、處長、經理。但不管你的階級再高，成績如何優異，依公司倫理你的職位就是無法超過你的直屬單位主管，也就是說就算你再行，如果你的課長升不上主任的話，那你只好副課長幹一輩子。

第一個月我破格升上二級專員，之後，業績也蒸蒸日上。記憶最深的是到「景美稅捐處」爲一個客戶做售後服務時，恰巧遇到十六個即將下班的同事，在老客戶的招呼下，他們都留下來聽講解，這一天我收到十二份訂單，連續來到的豐收業績讓我在短短的四個月內升上高級專員，並創下七個記錄。當月的月會像是爲我個人而開似的，後來台視製作「百工圖」節目時，我成了「推銷員」這一領域的代表人物，並接受採訪和實際拍攝平時工作的情形。

在企管公司爲行銷行業所舉辦的「魔鬼訓練營」活動中，我也被公司推爲代表，那次與會人士都是經理級以上的人物，我不負眾望拿第一名回來；公司長官對我的器重不在話下，第一年後，我的職位升到與我的主管一樣時，竟升不上去了，儘管我的經理劉克健和主任游欽隆對我提攜有加，待我有如兄弟一般，但爲了自己的生涯規劃，我還是在一年後離開了「鹿橋」。

這個時候，學生時期交的女友因我過於忙碌而離開，同個時期，父母介紹的對象走進我的生命，我們兩家是三代世交，近水樓台，正式交往一年後結婚，而我事業的第二個高峰也隨之展開。

我一直沒有離開文化界，也沒有離開行銷崗位，在二十七歲那年，我決定自立門戶，開了出版公司，自己負責行銷業務至今，已有十個年頭。

十年的創業生涯雖不像第一年那樣「站在高崗上」，但高低起伏的過程中，太太一直是我最大的力量，她的全力支持和鼓勵，讓我即使不如意也有奮鬥的勇氣。

目前我有一男兩女，父母親均健在，家庭、事業都令我滿意。

比起小東和我，「蘆筍」就沒那麼幸運，他是我們之中最嚮往海上生活的人，所以回到陸地謀生，他的惶恐和緊張不難想像，因此就業過程也頗爲曲折。

服完兵役後，「蘆筍」應徵過鐵窗、鐵門的推銷員，到保險公司受過訓，換過無數工作，完全不知道自己要做什麼。

他的同班同學王建添的姑媽在基隆「小雨」美髮院工作，便約「蘆筍」一塊同行。

剛入門，「蘆筍」從最基層的「洗頭小弟」做起，同時兼清潔廁所、掃地、洗毛巾等工作，那年他二十七歲，是該店成立以來年紀最大的小弟，而老闆會錄用他完全是看在他同學親戚的面子上。

幹過粗活的「蘆筍」，手腳笨拙，並未獲得客戶的諒解，為了改善工作狀況，他和王建添白天到台北補習班上美髮課程，以彌補專業知識的不足，晚上則當六點到九點洗頭小弟的班，第一個月的薪水是新台幣三百七十五元。

由於長期接觸洗髮精，「蘆筍」的手指嚴重潰爛，他母親看了極為不忍，每天以淚洗面，拿出私房錢要他上補習班考公務員；他父親對兒子的選擇也非常失望，氣得足足半年沒跟他說一句話；他們無法理解兒子有大專學歷，為什麼還要當卑微的「洗頭小弟」。

母親的眼淚、父親的憤怒並沒有改變「蘆筍」的就業方向，撐了八個月後，他和王建添離開基隆，頂下景美一家家庭式美髮院，成績雖然不壞，卻只維持四個月；後來又換到羅斯福路另一家美髮沙龍店。

在這裡，他的洗頭技巧雖然突飛猛進，但也遇到不少難堪的事。

有一次，海專同學鐘文南找他，「蘆筍」正忙著幫人洗頭，便請他在沙發上坐一下，不一會兒，鐘文南就不見了，下班後「蘆筍」打電話問他跑到那裡去了，鐘文南難過地說：「我實在看不下去，我們以前在學校這麼風光，你怎麼會流落到這步田地？」

「蘆筍」無奈地回答：「我也不想這樣，但我在船上學的東西到陸地都用不到呀！」沒多久，在同一家店，「蘆筍」照例幫客戶洗頭，這位抱著小孩的女士轉過頭，肯定地叫了一聲「學長」，原來她是以前暗戀他的學妹，「蘆筍」當下也十分尷尬。

更淒涼的是，他住在美髮店的倉庫裡，狹隘的空間沒有窗戶，冬冷夏熱，夏天經常汗流浹背，冬天雖有棉被裹身，但所謂的「棉被」，卻是人家搬運桌子，爲了防止摩擦碰撞所包的厚布。

最慘的時候，口袋只剩一百元，卻要在吃飯和加油之間掙扎，後來他到加油站加了油，卻餓著肚子回公司撿人家吃剩的便當，而爲了給自己台階下，邊吃還邊罵同事「浪費」。

這些狀況讓他無時無刻不想「轉行」。他每年都在「父母不支持，同學不贊成，朋友看笑話」的壓力下想轉行，因爲沒有人能接受他的工作。

不過，從第一年想了五百次轉行，到第二年想了四百次轉行，到第三年想了三百次轉行，「蘆筍」陸續換了四五家美髮院，直到他找到忠孝東路一家頗賦盛名的「激賞」創意髮型。

就在他篤定要繼續走這一行時，「蘆筍」幸運地認識一位啓蒙他美學觀念的學姊，而且不藏私地教會他剪髮、燙髮和髮型設計，開啓他潛在的美髮天賦。

隔年，他換了公司，升上設計師。

「蘆筍」當上設計師後，發憤圖強，他對美的掌握深具信心，客戶對他的手藝也讚不絕口，一年後「激賞」在永琦百貨旁開了南京店，店裡缺人手，召回「蘆筍」參與籌備工作，這時的他成了設計師兼店長，月薪在兩年內由兩萬、五萬竄升爲八九萬元，隔年便有百萬年薪的身價了。

憑著幾年的美髮經驗，民國八十一年「蘆筍」決定自行創業，在信義路和光復南路口創立「京典創意髮型」，民國八十六年，京典創意髮型搬到兄店飯店旁的誠品書店樓上，該店創意層級升等，吸引不少媒體前往爭相報導，讓「京典創意髮型」儼然成爲業界的一匹黑馬。

「蘆筍」已婚，有個三歲的女兒，太太則是客戶的助理，小他十歲，兩人愛情長跑七年後才結爲連理，目前的他可說家庭事業兩得意，家人也以他在美髮界的成就爲榮爲傲，「蘆筍」成功的故事在業界也是一部「經典」之作。

至於小顏，十六年前在中正機場分手後，思家心切的他便包一部五千塊的計程車直奔高雄老家，並一五一十地向家人報告在船上的打架事件。他那當船員的父親說：「一般而言，實習期滿，船公司都會給予實習生大概三個月的薪水，你就差十幾天，怎麼不多忍一忍呢？」自費返國機票加上三個月薪資大概有十萬塊，損失這些錢對當時急需費用的家人來說，是件非常遺憾的事。

回到學校，小顏也照實說出船上打架經過，航海科主任便藉機教訓他一頓，小顏委屈地拿到畢業證書後的第一個念頭就是：「我以後不再跑船了，我要賺錢，賺很多錢。」

當時船員第一年的薪水是八萬塊，小顏發誓即使在陸地工作也絕不輸給跑船的同學，所以他的第一志願就是做可以累積客源的廣告業務，小顏以前曾在廣告公司打過工，對這個行業並不陌生。

但出社會不到兩個月，他就爲了成爲「呼叫器代理商」而被騙五十萬元，這對他而言是一個不小的打擊，所幸小顏沒被擊倒，他向家人、朋友借錢，並以白天跑報社廣告業務，其餘時間發海報，晚上擺地攤還債。

隔年他換公司，改跑公車站牌廣告，三個月後升上經理，經濟壓力讓他發憤圖強，小顏先進民眾日報跑業務，優異的表現使他被挖角到台灣時報擔任業務課長，爲了業績，白天忙著處理例行性事物，晚上則陪客戶做各種應酬，這段時間，他飽嚐人情冷暖，也受過不少折磨，工作期間謹記父親的教訓：「出社會就要忍耐！」

他的忍耐在民國八十一年有了具體結果，憑著過去累積的人脈和婚後太太的大力支持，兩人胼手胝足，先在台南成立自己的第一家廣告公司，業務穩定之後，又在高雄、台北再成立第二家、第三家廣告公司，小顏目前是三家廣告公司的負責人，在南部廣告界佔有一席之地。

事業越是成功，小顏的行事越是低調，他婉拒各種可能出風頭的機會，認眞地在廣告業務上默默耕耘，所以三家公司的員工都不清楚他們老闆過去曾搭船環繞世界一週的海上經歷，周圍朋友知道的則更少。

目前小顏是三個孩子的父親，太太在他退伍後就一直陪他打拼吃苦，她是他事業上的好夥伴，也是家裡的好幫手，更是他重要的精神支柱，一家人住在高雄百餘坪的大房子，而過去爲家庭爲他付出心力的父母親，現在則在家裡享受小顏事業成功所帶來的安定和滿足。

除了我們「四人幫」之外，當年從巴拿馬下船的船長回到台灣之後順利考上領港執照，如願在高雄當領港，至今已有十五年的資歷，他的兩個孩子一個在紐西蘭一個在基隆陪太太，船長只有週休二日才回家與家人團聚，雖然一樣聚少離多，但比起跑船卻好很多。

他位於基隆的木製房子佔地甚廣，外觀像別墅，有工作室、運動間，在台灣算是高級住宅，那房子是他在跑船期間靠賢慧的太太代爲打理的。

有趣的是，當年在船上喜歡雕刻木頭的他，目前最大的興趣也是「木雕」，而他家獨特的木製房屋剛好滿足「船長」的需要，房子有任何破損都不假他人之手，全都自己整修，在印尼的那塊「烏沈木」，現在仍是客廳最重要的擺設。

當年的水手長與船長仍有聯絡，據說，水手長前幾年因車禍受傷，傷及雙腳，現在也不再跑船了，目前在某漁業工會上班。

輪機長於民國七十九年退休，那年他五十七歲。五十七歲還是個跑船的年紀，但一來孩子希望他下船休息，二來船員的素質大不如前，加上陸地待遇提高，船上競爭激烈，後來為了減少人事開銷，船公司也進用了外籍船員，海上生活每況愈下。

下船後，他還因人情壓力在「合森順」當了最後一次的輪機長，「合森順」就是當年我們在智利靠岸時遇到的船公司。

回到陸地，憑著多年在海上累積的積蓄，輪機長足以輕鬆的過下半輩子，但是為了打發時間，民國八十二年，他先替代有事無法上班的妹夫當大廈管理組長一職，後來妹夫過世，他就順理成章頂下這個職缺，一直到現在。

除了工作以外，擁有六個孫子的他，下班後也樂得含飴弄孫，至於船上的夥伴，大都沒再聯絡，而目前的朋友，也不太清楚他以前是個遨遊四海，跑遍七十幾個國家的輪機長。

「這一生，你喜歡海上生活還是陸地生活？」我在十六年後拜訪他時問道。

輪機長說：海上的生活像個有曲線的波浪圖，陸地生活是直線，他現在和同齡的人聊天，當他們年過半百回顧一生時，竟然平平淡淡，他很慶幸自己有機會走過世界各地，他知道他的人生是多彩和豐富的。

「我還蠻喜歡海上生活的。」他說。

至於當年讓我們「四人幫」恨之入骨的大副，十多年前我曾與他在永和某家百貨公司相遇，兩人隔了將近兩公尺處「遙遙」相望（是的！即使距離再近，我跟他的距離仍然遙遠），我們互看對方一兩秒，都不知道該用什麼表情來面對這突如其來的會面，我們沒有打招呼，他則緊張地叫身邊的太太和小孩先行躲開，我也毫無感覺地掉頭離開。

八十九年九月二十六日，十六年後，當我、「蘆筍」、小東南下至高雄與小顏會合，重溫「四人幫」舊夢時，我主動聊到大副的事，談起當年的恩怨，大家不禁搖搖頭，太久了，十六年，已經稀釋得差不多了，事過境遷，一切都顯得雲淡風輕。

現在我不恨他，小東、小顏也都不恨他，而當事人「蘆筍」反而感激他，就因爲當初大副的無理，才讓他體認人生的無常，而能在屬於自己的事業裡付出更多的努力，如今才能在陸地上闖出一片天地。

豈止「蘆筍」而已，對我們其他三人何嘗不是？

我們感激大副讓我們一群懵懂又互不相識的年輕人懂得同舟共濟，我們也珍惜下船

▲千禧年的九月二十六日四人幫重逢於高雄(左起為小東、「蘆筍」、小顏和阿彬)。

後歷久彌新的友誼，而有了這番經歷之後，我們都願意相信：「所有發生在我們身上的事情，不論你當初如何看待它，都有其價值，也都會產生意義。」至少對我們「四人幫」而言，確實如此！

「後來我們三人就一路從伊斯坦堡經貝魯特、杜拜、曼谷花了近三十多個小時，連轉了三趟飛機回到台灣，結束了長達一年的行船人生活。」阿彬合上日記本，鬆了一口氣，一副大功告成的模樣，但卻可從他的眉宇之間看出這個故事似乎尚未結束。

「後來呢？那些人現在做什麼？你們還有聯絡嗎？」

「除了『蘆筍』曾聯繫外，其他人早已失去聯絡。」

「我相信當讀者看完這個故事，一定非常想知道他們的近況。」

阿彬此時重新點燃當初那股尋找輪機長的熱勁。

業務出身的他是個典型的行動派，二話不說，立即著手從畢業紀念冊、長途查號臺、學校實習輔導室、校友會、船公司、領港公會等，開始他的第二次「超級任務」，終於「皇天不負苦心人」，阿彬完美地達成第二次「超級任務」！於是我從採訪第一大配角「蘆筍」著手。

「可以錄音嗎？」我問，位置在他位於中和一個佔地「遼闊」的辦公室。

「可以，而且我希望你全程錄音，因爲我很會講故事，大家都說我講的很精彩。」他不疾不徐地說，臉上沒有笑容，樣子倒很滑稽。

當下我有時光交錯的恍惚。我怎麼也難把眼前的他和故事裡的「蘆筍」聯想在一起，前天才聽完他因打架被遣送回國的事，心情滿是憂鬱和無奈，而現在的他，自信滿滿，事業有成，已經是兩家美容美髮公司的大老闆了。才兩天的光景，我覺得自己已經跨越了十六年，從當初年少輕狂的「蘆筍」來到現在意氣風發的「蘆筍」面前。

他抽著煙，思緒隨著淡淡的輕煙回到過去，這十六年來他雖然遠離航海，但那一年的記憶卻宛如昨日。「蘆筍」細說從頭，娓娓道來，時而心平氣和，時而激動難抑，隨著故事情節，我再一次被帶進時光隧道，回到船上的生活中。

第二次訪談期間，「蘆筍」接到幾通電話，其中一通電話是小東打來的，原來他們因為這機緣已經先行舉行了「同學會」，在同學會中得知小東開了一家「室內設計」公司，而「蘆筍」剛好有個新的辦公室需要裝潢，所以這回小東是來談生意的。因緣際會下，我就直接和小東約了採訪時間。

故事裡的小東先行下船，感覺上比較憤世嫉俗，但見面後才發現他很健談，個性開朗。受訪時，小東帶了一本十六年前在船上寫的日記，日記裡記載著密密麻麻的心事，當年行船的委屈和秘密都藏在裡面，七十三年下船後他很少翻閱，這次因採訪找出塵封已久的日記重溫往事時，小東心裡充滿感激地說：「要不是阿彬，誰會想找以前船上的朋友敘敘舊呢？」

小顏因人在高雄，我們只透過電話採訪，他是幾個重要人物中我唯一沒有見過面的。訪談中他的謙虛對照他目前的成就，我似乎已經聽出他的成功和不服輸，若以目前世俗的眼光來看，小顏算是「四人幫」裡最有「錢」途的。

《船上的365天》一書的整理，始於千禧年的五月二十六日，阿彬用十六年前寫的三本日記和三本厚厚的相簿讓時光倒流，畫面停格。我則在每星期一、三、五早上十點到他的辦公室採訪，美其名曰「採訪」，其實是去聽故事，他的口才很好，內容豐富精采，讓我的思緒也隨著「德群輪」飄洋過海，有時來到波濤洶湧的太平洋，有時來到仙境般的無人島，有時船陷入冰陣無法脫困，有時感受到南美洲的熱情，有時說到精彩處剛好十二點採訪結束，而聽故事聽得意猶未盡的我，還曾偷看他的日記以瞭解劇情的發展，採訪期間長達三個月之久，隨著故事的落幕，我像是環遊世界一週回來，故事裡的人、事、景、物深深印入腦海，直到九月底交完稿，一切結束了，我竟有莫名的悵然和失落。

這雖然不是我的故事，但是我卻對它產生了感情，在寫作過程中，我經常有意無意地把故事情節告訴朋友，把十六年後跟「蘆筍」、小東見面和尋找輪機長、船長的經過，一五一十地轉述給他們聽，然後他們問：「那水手長呢？老王現在做什麼？老瞿、大管他們呢？再找找看呀！」

老實說，我跟他們一樣好奇，在寫「十六年後」那篇章節時最常懷念他們，尤其是木匠許大，他在船上幾度身體不佳，不知道下船後是否好轉？我甚至爲此請阿彬再試試看，看能不能找到他們，大家再見個面，但他確實已經努力找過了，能找到的就只有這些人了！

其實能找到這些人也已經非常難得了，天底下有多少人在分開十六年後還能再聚首？多少友誼能不受時空影響還凝聚在一起？當我得知小顏在十六年後開著車子到高雄小港機場接阿彬、「蘆筍」和小東三人時，腦海中立刻浮現出一幅溫馨感人、相互擁抱的畫面，如果這本書的出版有什麼特別的意義，那幅畫面就是答案了。

黛安娜傳【完整修訂版】

PRINCESS OF WALES

附黛安娜王妃珍貴彩照80幀

作　　者：安德魯・莫頓
定　　價：360元

「這是本現代經典之作，該書甚至對主人翁本身也產生重大的影響。」——
大衛・撒克斯頓，倫敦標準晚報

黛安娜～一顆璀燦的威爾斯之星，她的風采與隕落，帶給世人多少的驚歎與欷歔。黛妃從1981年與英國王儲查理王子結縭，到1997年8月31日車禍身亡，十七年的時光裏，她一直是世人目光的焦點。在黛妃的一生中，嫁入皇室是榮耀的開始，卻也是寂寞宿命的起始。本書主要描述三個主題：黛安娜的貪食症、自殺傾向以及查理王子跟卡蜜拉之間的關係，徹底揭露黛妃長期於虛僞的皇室中以及在媒體偷窺追逐的壓力下，如何尋找自信與追求自我價值的眞實動人歷程，爲作者安德魯・莫頓最膾炙人口的一本著作。

安德魯・莫頓曾創造了許多暢銷書，並且獲頒許多獎項，其中包括年度最佳作者獎及年度最佳新聞工作者獎等。本書更爲所有介紹黛妃的著作中，唯一詳實記載黛妃受訪內容的一本傳記書籍，其訪談深入黛妃的內心世界，是爲黛妃璀燦卻又悲劇性短暫的一生完整全記錄。值此黛妃逝世兩週年之時，讓我們重新認識她那不被世人所了解的一生，領會其獨一無二的風采與智慧。

請沿虛線剪下，對折裝訂後寄回

北區郵政管理局
登記証北台字第9125號
免　貼　郵　票

大都會文化事業有限公司
讀者服務部　收

110 台北市基隆路一段432號4樓之9

寄回這張服務卡(免貼郵票)
您可以
◎ 不定期收到最新出版訊息
◎ 參加各項回饋優惠活動

請沿虛線剪下，對折裝訂後寄回

大旗出版・大都會文化　　讀者服務卡

書號：98005　船上的365天

謝謝您選擇了這本書，我們真的很珍惜這樣的奇妙緣份。期待您的參與，讓我們有更多聯繫與互動的機會。

讀者資料

姓名：＿＿＿＿＿＿＿＿ 性別：□男 □女

身份證字號：＿＿＿＿＿＿＿＿ 生日：　年　月　日

年齡：□20歲以下 □21—25歲 □26—30歲 □31—35歲 □41歲以上

職業：□軍公教 □自由業 □服務業 □買賣業 □家管 □學生 □其他

學歷：□高中／高職 □大學／大專 □研究所以上 □其他

通訊地址：

電話：（H）　　（O）　　傳眞：

E-Mail：

※ 您是我們的知音，往後您直接向本公司訂購（含新書）將可享八折優惠。

您在何時購得本書：　年　月　日

您在何處購得本書：＿＿＿＿＿＿＿＿

□書展 □郵購 □（　　）書店 □書報攤 □（　　）便利商店 □（　　）量販店 □其他＿＿＿＿。

您在哪裡得知本書：（可複選）

□書店 □廣告 □朋友介紹 □報章雜誌簡介 □書評推薦 □書籤宣傳品 □電台媒體等

您喜歡本書的：（可複選）

□內容題材 □字體大小 □翻譯文筆 □封面設計 □價格合理

您希望我們爲您出版哪類書籍：（可複選）

□科幻推理 □史哲類 □傳記 □藝術音樂 □財經企管 □電影小說 □散文小品 □生活休閒 □旅遊 □語言教材（＿＿語）□其他

您的建議：＿＿＿＿＿＿＿＿＿＿＿＿＿＿＿＿＿＿＿＿

＿＿＿＿＿＿＿＿＿＿＿＿＿＿＿＿＿＿＿＿＿＿＿＿＿＿

＿＿＿＿＿＿＿＿＿＿＿＿＿＿＿＿＿＿＿＿＿＿＿＿＿＿

船上的365天

作　　者：阿　彬
文字整理：陳芸英
發 行 人：林敬彬
文字編輯：陳富香
美術編輯：許立人
封面設計：許立人

出　　版：大旗出版社　局版北市業字第1688號
發　　行：大都會文化事業有限公司
110台北市基隆路一段432號4樓之9
讀者服務專線：（02）27235216
讀者服務傳真：（02）27235220
電子郵件信箱：metro@ms21.hinet.net
郵政劃撥帳號：14050529　大都會文化事業有限公司

出版日期：2001年1月初版1刷
2004年1月改版1刷
定　　價：360元

ISBN：957-8219-26-1
書　　號：98005
Printed in Taiwan

◎感謝 巴拿馬大使館、印尼經濟貿易代表處、荷蘭觀光局 照片提供

國家圖書館出版品預行編目資料

船上的365天／阿 彬 著

初版. 臺北市：大旗出版 ：大都會文化發行 2001〔民90〕

面；公分.

ISBN ：957-8219-26-1(平裝)

1. 航海－描述與遊記　2. 世界地理－描述與遊記

729.85　　89018792

SOUTH